培养无疆大爱 体味完美亲情

孝是一种美德

主编 拾月
编著 冯雪

图书在版编目（CIP）数据

培养无疆大爱 体味完美亲情：孝是一种美德 / 冯雪编著. -- 北京：现代出版社, 2015.4
ISBN 978-7-5143-3501-9

Ⅰ. ①培… Ⅱ. ①冯… Ⅲ. ①孝 – 品德教育 – 中国 – 青少年读物 Ⅳ. ①B823.1-49

中国版本图书馆 CIP 数据核字(2015)第 067931 号

培养无疆大爱 体味完美亲情：孝是一种美德

主　　编	拾　月
编　　著	冯　雪
责任编辑	王敬一
内文制作	诚美天下文化传播有限公司
出版发行	现代出版社
地　　址	北京市安定门外安华里 504 号
邮　　编	100011
电　　话	(010)64267325
传　　真	(010)64245264
邮　　箱	xiandai@cnpitc.com.cn
网　　址	www.1980xd.com
印　　刷	三河市华晨印务有限公司
开　　本	700mmx1000mm 1/16
印　　张	9
版　　次	2015 年 5 月第 1 版　2021 年 4 月第 3 次印刷
书　　号	ISBN 978-7-5143-3501-9
定　　价	29.80 元

前言

每个青少年，都是这个社会中宝贵的财富，正所谓“少年强则国强”，大至一个民族、一个国家，小至一个家庭、一个家族，都应重视青少年的教育问题。除此之外，也应该重视青少年在这个青春期里，是否能够感受到人世间的善、恶、美、丑。在每个人的人生中，除了需要自身独特的性格之外，还需要拥有感受世界的能力。

勇气、淡定，是面对生活中挫折和荣耀时，该拥有的魄力和态度。

浪漫、珍惜，是成长路上的一种幸福，情感路上的一种懂得。

孝道、感恩，是乌鸦反哺、羔羊跪乳的做人之本，是成就阳光人生的支点。

紧张、守候，是释放无形压力，是量变到质变的成功。

大气、做人，是超凡脱俗后的快乐，是收获友情的聚宝盆。

青春，是每一个人最美好的一段时光，是人格、性格定型的重要阶段。在这个时期，我们需要享受青春的快乐，同时也需要完成自我塑造。通过心理自助，最终从一个小男生、小女生逐渐成长为一个有着健全人格的人，成长为一个对社会、对家庭、对自我有着相对完整认知的人，对自己的未来做主的人，这才是一个最充实、最有价值的青春。每个梦想都值得我们认真对待，每个青少年都是未来的希望。在青春中，我们不仅要有欢乐，同时也要拥有未来！

本丛书是你化解烦恼的“心灵鸡汤”，可以给你快乐的心理自助；本丛书会让你认识到：掌控心理，方能掌控世界；改变自己，才能改变一切。本丛书还将告诉你：只有实现积极的心理自助，才能收获快乐而充实的青春。

目录

第一篇 重视孝道：孝是人生中最重要的一课

第二篇 及时行孝：在日常生活中描绘温暖画面

第三篇 满心敬畏：亲切的诚意最能打动他人

目录

第四篇 独当一面：你若自强，亲人才得心安

第五篇 走出误区：正确行孝才能收获完美亲情

第一篇

重视孝道:孝是人生中最重要的一课

孝顺，是中华民族的传统美德。自古至今，有太多关于孝顺的历史典故，流传至今，成就了千古美名。在很多人的心里，孝顺已经成为考验一个人品行的关键因素，也成为众多家庭是否能够和谐相处的关键。孝顺是对长辈的尊重，是一份关爱和宽容，是一个家庭的凝聚力，更是每个人都应该学会的人生课程。

百善孝为先，孝是和谐的起点

故事话题

春秋时期著名的楚国隐士老莱子，是到家创始人之一，更是一位影响深远的著名思想家。但是老莱子不愿意接受功名利禄，便隐退山林，过着农耕生活。不过，在历史中，老莱子更为著名的典故便是“戏彩娱亲”。

老莱子是一个非常讲究孝道的人，除了在生活中对父母非常照顾之外，还非常注意父母的心情。

当时老莱子年过七十，两鬓斑白，他的父亲看到儿子的白发，就叹气感慨道：“我的儿子竟然都已经这么老了，更何况我，想来我们两个老家伙也活不了多久了。”

老莱子听到父亲这样说，心痛不已，竟然红了眼眶。第二天，老莱子穿着不知从哪里找来一身五色彩衣，手里拿着一个小孩子才会玩的拨浪鼓，跑到父母面前，装作孩童玩玩具的样子，逗得父母哈哈大笑。就这样，老莱子找到了让父母开心的方法。

有一天，老莱子给双亲送水，一个不小心，竟然摔倒在地。老莱子已经年过古稀，父母生怕他摔倒哪里，正准备走过去看看究竟怎样。不过谁都没想到的是，原来老莱子是故意的，他假意摔倒，还像小孩一样在地上哭闹、撒娇，逗得两个老人非常开心。

为了赞颂老莱子这样的孝道，北宋诗人苏舜钦作诗《老莱子》：“飒然双鬓白，尚服五彩衣。”

故事解析

孝顺父母，是每个子女应尽的责任。中国千百年来的传统美德讲究的就是一个“孝”字，正所谓“百善孝为先”。在中华民族的传统认知里，任何一种美德都无法和孝顺相比，无论多么大的官职，如果双亲过世，官员需要回家为父母守孝三年，史称“丁忧制度”。可见，孝顺是多么重要的一种品行。

老莱子不顾自己已经年过古稀的身体，依然扮作孩童的模样，通过这样的方式让自己的父母收获快乐。尽管这种方法在现如今看来，多多少少都有些滑稽，但不能否认的是，老莱子的孝顺。

孝顺，和赡养父母不同，赡养父母是法律规定的义务，这是在物质方面给父母一个保障，而孝顺更注重于父母的精神世界上是否感到满足。老莱子“戏彩娱亲”就属于这种典型。

在现如今物质世界越来越丰富的同时，精神世界是否能够得到满足就显得更为重要。尤其是在快节奏的生活之中，孝顺父母已经逐渐演变成为物质赡养，却忽略了父母精神上对孝顺的需求。孝顺，不仅仅是要保证父母生活上的衣食无忧，更重要的是精神上的陪伴。这才是孝顺的真正内涵。

故事穿越

电影《女人四十》讲述了这样一个故事：阿娥刚刚进入不惑的年龄，她常年为生活而奔波，她和自己的丈夫、公婆住在同一个小房子里。原本一家人相安无事，但婆婆的突然辞世让这个家庭失去了往日的平衡。

阿娥生怕公公太过伤心而伤害身体，就时刻关注他。可公公并没有表现半点悲伤之情，且有很多奇怪之举，原来公公已经患有老人痴呆症。摆在阿娥夫妇两个人面前有两条路，一条就是将老父亲接回家自己照顾，一条就是将父亲送入敬老院。

起初，阿娥夫妇选择将老父亲送到敬老院，但老父亲却无法适应敬老院的生活，只好再接回家中。为了照顾公公，阿娥选择辞职回家。

原本阿娥一直以为公公就是个脾气暴躁且非常固执的老头，自从自己嫁到这个家中，她就领略到了公公的坏脾气。可就在她开始照顾公公的饮食起居之后，才发现，原来公公的内心深处一直都是在为这个家庭付出。了解到这些之后，阿娥也改变了自己最初敷衍的心态，真心实意地孝顺起公公。

电影的结尾，阿娥和自己的丈夫站在自己家的楼下乘凉，回忆着两个人结婚以来的种种，憧憬着家庭的未来，尽管现实中还有很多问题等待着他们，可内心中却充满了幸福和满足。

故事微语

《女人四十》是一部非常温暖的电影，阿娥作为绝对主角，通过她心态的转变，她面对家庭困境选择了坚强隐忍，这是作为一个女性对家庭的贡献。可更重要的是，这个家庭最终能够度过这个困境，非常重要的一点就是孝顺。

孝顺，是一个家庭能够和谐相处的重要因素，更是一个家庭的凝聚力。在现实生活中，我们常常能看到这样的事情，尤其是在老人和子女同住的家庭中，如果大家都秉承着宽容、孝顺，这个家庭就能够和谐相处；如果没有孝顺作为润滑剂，那么这个家庭之间的矛盾只能是越来越激烈。

中华民族自古就讲究家族生活，所以家庭的凝聚力就显得尤为重要，父子之间、母女之间、夫妻之间等等关系交错在一起，尽管会有很多琐碎的小事影响，可这种几千年来传承下来的生活方式，正是因为孝顺而成为一种习惯。

在矛盾面前，孝顺是润滑剂，能够让这个家庭变得和谐；在困难面前，孝顺是一份凝聚力，能够让一个大家庭齐心协力；在教育子女方面，孝顺则是一位良师，能够潜移默化地为下一代树立榜样。

心灵箴言

孝子之养也，乐其心，不违其志。

——《礼记》

父母之所爱亦爱之，父母之所敬亦敬之。

——孔子

孟武伯问孝，子曰：“父母惟其疾之忧。”

——《论语·为政》

孝有三：大尊尊亲，其次弗辱，其下能养。

——《礼记》

父母之年，不可不知也。一则以喜，一则以惧。

——《论语》

孝顺是人生成长的必修课

故事话题

汉文帝刘恒，是汉高祖刘邦的第四个儿子，汉惠帝因为病重而过世之后，他继承了王位。尽管他贵为皇帝，但却非常孝顺，在他继位之后不久，他的母亲薄太后生了重病，且这一病就卧床病了三年。

中国有这样一句老话，久病床前无孝子。就是说在疾病面前，很多人都因为照顾病患而产生了各种抵触情绪，或者是被琐碎的事情反感不已。但是刘恒却衣不解带地照顾自己母亲三年时间。

除了上朝、批阅奏章等皇帝必要的功课之外，刘恒就常常守在母亲身边，能够自己照料的事情，绝不假手他人。就连御医送来的汤药，刘恒也都要亲自尝试之后才放心让母亲服用。

刘恒孝顺的美名传扬天下，他执政 24 年，兴礼仪，重德治，注意发展农业，使西汉社会稳定，经济得到恢复和发展，与汉景帝的统治时期被誉为“文景之治”。

故事解析

汉文帝贵为皇帝，而他的母亲也是皇太后，如果说照顾生活起居，根本就无需皇帝亲力亲为，宫中有众多宫女都能够照顾好她的生活。可是汉文帝却并不完全依靠宫女，并非是他不信任她们，而是为了让自己母亲多多感受自己的孝顺。

网上流传着这样一个故事，父亲老了，记性不好，他不会玩微信，于是就常常问自己的女儿，这个微信怎么看朋友圈。女儿说第一遍的时候很耐心，几遍之后就失去了耐心，就问父亲，你都这么老了，玩什么朋友圈啊？父亲长叹口气，指了指女儿手机上的照片。原来，父亲并非是想要玩朋友圈，而是更想通过朋友圈看到女儿的生活，离她的生活更近一些。

孝顺，是人生之中的必要课程。但是更关键的是，是否能够在很多小事上都保持着一颗孝顺之心。随着养老越来越普及，孝顺之中最关键的已经不是赡养老人，而是孝顺。孝顺讲究的就是个“顺”，在生活小事上要顺从父母的心。

故事穿越

三国时期著名的科学家、天文学家陆绩从小就是个非常孝顺的孩子。在他6岁的时候，陆绩随着父亲陆康去拜访袁术。

见到袁术之后，陆绩就表现出自己在天文、历算方面的才能，就算是在袁术面前，也能够非常自信地侃侃而谈，着让袁术大加赞赏。

袁术也是个爱才之人，看到年仅6岁的陆绩就能拥有这样的才学，更是从心里喜欢。于是就命令下人搬来椅子，以对待一个成年人的礼仪来招待陆绩。

就在这个时候，下人送上一盘橘子，陆绩毕竟还是个孩子，非常高兴地品尝起来，而袁术就和陆康聊了起来。趁着他们不注意的时候，陆绩就偷偷拿了两个橘子，塞到了自己的袖子里。

很快，陆康就带着陆绩提出告辞，袁术看到刚才陆绩吃了好几个橘子，知道他爱吃，就提出让他多拿几个，在路上可以解解渴。陆绩摇摇头，没想到在这个时候，他一甩手，袖子里的橘子就咕噜噜地滚到了地上。一时之间，气氛陷入了尴尬之中。

为了化解尴尬，袁术说：“这个小孩真好玩，来我家做客，还要和主人的橘子玩迷藏。”

陆绩却回答道：“我母亲最爱吃橘子，这是特意给母亲捎回去的。”

虽然这次陆绩的行为失了礼数，却让袁术非常感动，这个年仅6岁的孩子就知道孝顺的重要，长大之后一定是一个大孝子。

故事微语

陆绩偷藏橘子，准备给母亲捎回去，尽管这个行为并不符合做客之道，可是他的孝顺却值得人们称颂。孝顺，并非只是在嘴上说说而已，更重要的是，是要落实在生活点滴之中。陆绩记得母亲最爱吃橘子，这本身就是

生活中的一个细节之处，如果平时不注意，根本就不会知道自己的母亲喜欢吃什么。

我们常常都会听到这样的调查，是否会记得父母的生日、是否记得父母最喜欢吃什么……虽然都是生活之中的很细微的问题，却难倒了很多高学历、高收入、高水平的“三高人士”。

尽管我们每个人从小就在听孝敬父母的典故，却鲜有人真正理解孝敬的含义。孝敬父母，并非是指在金钱方面的满足，更重要的是精神世界上的满足。这种满足并不以金钱数量为衡量，就比如说，从生活的点滴做起，记住父母最喜欢的食物，记住父母穿衣喜好，看到父母家中缺少什么物件就给买一个回来。

孝顺是发自内心的关爱，是子女对于父爱、母爱的一种回报。在动物界，乌鸦反哺，羊羔跪乳，都是孝顺的一种表现。而在我们的生活中，从点滴关怀父母，让他们感受到来自子女的关爱，这才是真正的孝敬。

心灵箴言

孝子之至，莫大乎尊亲。

——孟子

惟孝顺父母，可以解忧。

——孟子

父子有亲，君臣有义，夫妇有别，长幼有叙，朋友有信。

——孟子

老吾老，以及人之老；幼吾幼，以及人之幼。天下可运于掌。

——孟子

事，孰为大？事亲为大；守，孰为大？守身为大。不失其身而能事其亲者，吾闻之矣；失其身而能事其亲者，吾未闻也。孰不为事？事亲，事之本也；孰不为守？守身，守之本也。

——孟子

在泱泱大国体味孝的礼仪

故事话题

汉朝有个叫姜诗的男子，他的妻子庞氏是个非常孝顺的女子。因为婆婆不喜欢喝井水，于是她每日都到几公里外的江边去挑水；因为婆婆喜欢吃鱼，她就常常买来鱼做给婆婆吃。

有一天，庞氏又去江边挑水。突然之间狂风大作，在江边挑水的庞氏只好找到一间破庙避一避。

姜诗回到家中之后，并没有看到妻子，就以为自己出去做工的时间里，妻子都不在母亲面前照顾，就非常生气。等庞氏一回到家，他就将妻子赶了出去，婆婆说情他也不听。

万般无奈之下，庞氏只好先寄居在邻居的家里，可是她知道婆婆的口味、喜好，又担心自己的丈夫根本就无法照顾好婆婆。于是就在邻居家昼夜纺纱织布，借此来赚些银两，并且用这些银两买来鱼肉，做好后又托邻居给婆婆送去。

邻居看到庞氏已经沦落到如此境地，仍然在心里记挂着丈夫和婆婆，毫无怨言，就将事情原原本本地告诉给姜诗。他听完之后，非常愧疚，连忙把妻子接回家中。

在庞氏回到家中的那一天，院子里的那口井突然涌出泉水，味道和江水一模一样，不仅如此，每天还会有两条鲤鱼跳出来。自此之后，庞氏每日不用去江边打水，就能更好地照顾婆婆了。

故事解析

“涌泉跃鲤”是《二十四孝》其中一个历史典故，姜诗是个孝子，而他的妻子庞氏更是一个懂得孝顺的媳妇。因为孝顺，姜诗每日辛勤劳作，希望能够给母亲买鱼；因为孝顺，庞氏即便是受了委屈，也并没有因此而埋怨。

尽管这个故事在流传的过程中加入了一些神话色彩，但是也表现出世人对孝子的尊敬，希望能够给他们一个完美的结局。

在千百年的历史传承中，孝顺都是考验一个人最基本的品质，在中国人的传统认知里，如果一个人连孝顺父母都做不到，这个人基本上也就没有什么其他优点了。虽然这种说法太过片面，但也体现出孝顺父母在人们头脑里的重要性。

最为历史悠久的礼仪之邦，中华民族传承下来的美德非常多，可每一种品质都无法和孝顺相比较。一个孩子呱呱落地之后，如果没有父母的悉心照顾，这个孩子连温饱都无法保障，何谈茁壮成长。孝顺，其实就是为了让子女感恩父母的付出，从内心深处去回报父母的关爱。

故事穿越

东汉时期的茅容同样是一个大孝子。自幼他也是个饱读诗书的学子，但是为了照顾母亲，他选择放弃仕途，在家里辛苦的耕作，为的就是照顾母亲。

有一天，他在地里耕作的时候，突然下起了暴雨，他只好和其他农夫都找个地方避雨。正巧这时候名士郭林宗也来到这里避雨，他看到那些避雨的农夫都是站没站相、坐没坐相，只有茅容一人端坐一旁。他觉得这个人并不是普通的农夫，就上前去交谈。果然如他所料，茅容的很多见解都让郭林宗感同身受。

很快，雨就停了，两个人还没有聊尽兴。茅容就提议，让郭林宗到自己家中作客。郭林宗连忙应允。两个人秉烛夜谈，非常开心。

第二天一早，郭林宗看到茅容正在杀鸡炖汤，就以为这是茅容对自己的款待。没想到，到了吃饭的时候，茅容端上来的并非是鸡肉，而是一些很普通的山菜野蔬。郭林宗觉得非常奇怪，但是出于客随主便的礼节，郭林宗并没有表现出来。

等到郭林宗离开茅容家的时候，他才四处打听这个奇怪之举。原来，茅容为了给母亲改善伙食，常常会做鸡汤给母亲，一只鸡分为两份，一份给母亲这顿吃，另一份留着下顿给母亲吃。而他自己只吃山菜野蔬。郭林宗一听，立刻就觉得茅容不仅是个学识渊博的人，更是难得一见的孝子。此后，茅容孝顺父母的故事被广为流传，成为千古佳话。

故事微语

孝顺父母，是千百年来中华民族美德的一种传承。在漫长的过程中，通过代代相传，孝顺这种美德仍然成为现如今的主流，这就是传承的力量。

茅容为了孝顺，宁愿自己和客人吃山菜野蔬，而将鸡肉、鸡汤留给自己的母亲，如果没有遇到郭林宗，这个故事只能流传在当地百姓心中，而无法成为千古美谈。正是因为郭林宗这位名士的传播，最终被归入“二十四孝”之中。

在我们的生活中，这份美德的传承就是自己父母的行为。父母是孩子的第一个启蒙老师，父母的行为会成为孩子今后模仿的对象，家庭的氛围也会对孩子形成非常深远的影响。

曾经有这样一个公益广告给人留下了深刻的印象：一个女人打来洗脚水给母亲洗脚，正好让年仅几岁的儿子看到了，于是他也学着母亲的样子，打来了洗脚水，给母亲洗脚。尽管这只是一个公益广告，但却表明了，父母的言行对于孩子的影响非常重要。这种潜移默化的影响，就是传承。

孝顺父母，经过了数千年的传承，尽管现如今，已经不复当年那般偏激，显得更为人性化，更与时俱进，却仍然是中华民族美德之魂。

心灵箴言

事其亲者，不择地而安之，孝之至也。

——庄子

孝子不谀其亲，忠臣不谄其君，臣子之盛也。

——庄子

贤不肖不可以不相分，若命之不可易，若美恶之不可移。

——《吕氏春秋》

天地之性，人为贵；人之行，莫大于孝，孝莫大于严父。

——《孝经·圣至章》

礼者，断长续短，损有余，益不足，达爱敬之文，而滋成行义之美也。

——荀子

孝顺，没有年龄这个分界线

故事话题

晋代道士吴猛是净明道信仰体系里十二真君之一，历史上以孝道著称。关于吴猛孝顺，最著名的就是“恣蚊饱血”。

吴猛家里非常贫寒，到了夏天，他们家里连蚊帐都买不起，南方的蚊子个头很大，常常将吴猛一家咬得睡不好觉。年仅 8 岁的吴猛看着父母没有休息好的黑眼圈，很是心疼，觉得父母为了家务操劳一天，到了晚上还无法好好休息。

第二天晚上，吴猛想了一个办法，他脱光了衣服，坐在床头。小孩子的皮肤和血液相对来说，比较能够吸引蚊子的注意。很快，蚊子就都聚集在他的身上，但是吴猛却并不赶跑蚊子，而是让它们饱饱地“吃”上一顿。

等天亮了，他的身上已经被蚊子咬了很多包，等父母醒来，他才用草药去弄自己身上被蚊子咬的包。

故事解析

在“恣蚊饱血”的故事中，吴猛年仅8岁。一个年仅8岁的小孩，为了让父母睡一个好觉，竟然用自己的身体去“吸引”蚊子。

孝顺，是一种美德，同样也是一种品行。这种品行和年纪其实并没有太大的关系。或许有人会认为，只有等到成人之后，才能有能力、有心孝顺父母，可是这种认知并非是正确的。孝顺，其实和年龄并没有直接关系。

孝顺，是由内心深处的一种情感，是对父母养育自己的感恩，是对父母关怀自己的回馈，是对父母养育自己的珍惜。这些和年龄都没有直接的关系。只要有心，孝顺就能够超越时间、超越空间，成为父母和孩子之间的纽带，形成一座用爱搭建的桥梁。

故事穿越

曾经，一部叫作《妈妈再爱我一次》的电影影响了一代人、感动了一代人。电影讲述了一个心酸的母亲，以及一个懂事的孩子。

秋霞和国强自由恋爱，但是因为秋霞出身卑微，只能和国强分手，而国强也屈从了家里的安排，和家境优良的娟娟结婚。分手之后，秋霞发现自己怀孕，并且生下了儿子小强，母子二人相依为命。

几年之后，国强竟然找到了秋霞，想要要回儿子，原来他的妻子娟娟不能生育，就希望将小强带到自己的身边，能够接受最好的教育。尽管秋霞心里百般不舍，但一想到孩子今后的前途，她决定将孩子送还给国强。

小强自小就是一个非常懂事且孝顺的孩子，他无法接受母亲不要自己的事实，一遍遍地从新家跑回母亲的身边。最后一次逃跑的时候，恰好是风雨之夜，淋了雨又受伤的小强被秋霞找到的时候，已经是奄奄一息。看到儿子如此惨状的秋霞因为太过激动而跌下楼去，从此精神失常……

小强长大成人之后，成为一名精神病医生，最终也找到了自己的母亲，凭借着自己童年时候的玩偶和那一曲动人的“世上只有妈妈好”，母子终于相认。

故事微语

这是20世纪90年代最打动人心的电影，曾经有太多的人在电影院里一边观看电影、一边流泪。那一段感动天地的母女之情，不仅仅是讲述了一个母亲为了孩子全心全意地付出，同样也包含着一个孩子对于母亲的孝顺之情。

小强虽然很小，没有任何能力去反抗自己即将面对的命运，但却用了一种非常极端的方式去对抗——离家出走。在这个时候，母亲就如同唯一能够给他安全的港湾，时刻吸引着他。他所想到的孝顺，就是回到母亲身边。

对于任何一对父母而言，真正的孝顺，并非是需要花费多少金钱，让他们过什么锦衣玉食的生活，更重要的是，一家子能够衣食无忧、和睦地生活在一起。

孝顺，和金钱无关，和年龄无关，任何现实因素在孝顺面前都不能成为真正的阻碍，只要心中装着孝顺，自然就能够让父母感受到。

心灵箴言

内睦者，家道昌。

——林逋

父母者，人之本也。

——司马迁

慈孝之心，人皆有之。

——苏辙

事亲以敬，美过三牲。

——挚虞

父子不信，则家道不睦。

——武则天

谁言寸草心，报得三春晖。

——孟郊

行孝道，你能收获完美的人格

故事话题

周朝时期，有一个叫闵子骞的人，在他很小的时候，他的母亲就过世了，后来，父亲续弦。继母嫁到他家之后，很快就给闵子骞添了两个小弟弟，一家人也算是比较和睦。可就在这个时候，继母为了自己的两个孩子，天天挑拨闵子骞和父亲之间的关系。闵子骞心里非常清楚，但他却并不计较，仍然将继母看成自己的亲生母亲。

有一年冬天，天气非常寒冷，继母为三个孩子都准备了棉衣，两个亲生儿子的棉衣用了上好的棉花，所以非常暖和，而闵子骞的棉衣用的却是芦花。芦花是水中生长的芦草，到处飞扬的花，没有半点御寒的作用。所以闵子骞的棉衣看起来非常厚，可是风一吹就透了。

闵子骞每天穿着这样的棉衣，常常都冻得哆哆嗦嗦的，父亲觉得很奇怪，怎么穿了这样厚的衣服，还能冻成这样呢？继母就挑拨说，是因为闵子骞不想干活，所以才假装冷。

有一天，父亲要外出办事，让闵子骞帮着他驾车。马车飞驰起来，没多一会儿，闵子骞的双手就冻僵了，根本拉不住缰绳，马匹没了缰绳的控制，立刻开始横冲直撞起来。费了很大的力气才控制好了马匹，父亲非常生气，就扬起马鞭，打了闵子骞一下。结果闵子骞的棉衣被打破了，里面的芦花就飘了出来。

直到这个时候，父亲才明白，原来一切都是继母搞出来的，她在虐待自己的孩子。盛怒之下的父亲冲回家中，决定休掉这个恶毒的女人。闵子骞一听，连忙跪倒在父亲的身边，劝说道：“母在一子寒，母去三子单，请不要赶走母亲。”

听到闵子骞这样说，父亲的怒火也渐渐熄灭，而继母也深感愧疚。在此之后，他们一家五口生活得非常和睦。

故事解析

闵子骞对待继母心怀宽容，即便是继母对他并不好，甚至可以说是在虐待他，但是在父亲面前，他却选择了宽容。一句“母在一子寒，母去三子单”，不仅让父亲改变了决定，同时也让继母认识到了自己的错误。

闵子骞的孝顺，是不忍看到父亲失去妻子，不忍看到自己年幼的弟弟失去母亲，正是出于这样的感情，他选择了宽容。

孝顺，虽然是一种美德，但与此同时，也让我们感受到这个世界上最纯真的真善美，它已然不再只是一种品行，更是人间大爱。

孝顺，让我们更懂得珍惜，珍惜身边每一个关心我们的人。父母、兄长、亲人、朋友，因为珍惜这些人世间最美好的情感，我们的人生也处处充满了爱。

孝顺，让我们更懂得宽容的真谛，能够用一颗包容的心去包容世间万物。有时候我们会遭到父母的责骂，但他们的出发点是为了子女好，只是方式方法用错了。这样的爱，难道不值得我们去包容吗？

故事穿越

著名文人郭沫若自幼也是一个非常孝顺的人。有一年，他的母亲患了一种奇怪的病——“晕病”，常常会无缘无故地晕倒。郭沫若心里非常着急，希望能够找到这种疾病的治愈方法。

后来，有人告诉他，芭蕉花可以治疗这种疾病。郭沫若听完后立刻跑到市场上去看，可是这种植物价钱太贵了，他根本没有这么多钱。而且听卖花的人说，这种花不好种植，如果种不好，根本就不会开花。

有一天，郭沫若和哥哥经过一座花园，正好看到一株开得正灿烂的芭蕉花。郭沫若什么都不顾及了，连忙和哥哥偷走了那株芭蕉花。回到家中，他们瞒着母亲将花朵研制好，给母亲用温水服下。

事后，母亲知道了这一切，尽管郭沫若是为了她才去偷窃，但她仍然将郭沫若叫到自己面前，狠狠地责罚了他一番。

故事微语

孝顺，并不是做错事情的借口。尽管郭沫若是为了自己的母亲才去偷窃，但偷窃这种行为无论是出于什么目的，都是错误的。郭沫若的母亲虽然对他的这种孝顺感到欣慰，但也对他偷窃的行为感到难过。

孝顺，能够成为我们内心的一面镜子，可以审视自己的行为举止，可以学习父辈的优良品质，可以健全我们的人格。

在每一个父母的心里，都希望自己的孩子能够成为国家栋梁，正所谓望子成龙、望女成凤。孝顺的孩子，自然是按照自己父母心中所想去努力、去拼搏。无论是在学生时代，还是参加工作之后，甚至是在成家之后，出于孝顺，自然就会更加努力。

孝顺，是努力的力量、奋斗的动力，能够让我们在遇到困境的时候，依然能过昂首挺胸，因为有父母的家就是自己人生的港湾。

心灵箴言

凡为父母的，莫不爱其子。

——陈宏谋

重资财，薄父母，不成人子。

——朱柏庐

长者立，幼勿坐，长者坐，命乃坐。尊长前，声要低，低不闻，却非宜。进必趋，退必迟，问起对，视勿移。

——李毓秀

第二篇

及时行孝：在日常生活中描绘温暖画面

正所谓“树欲静而风不止，子欲养而亲不待。”孝顺，是世界上最无法经历等待的事情。在现如今这个快节奏的生活里，子女忙于工作，常常背井离乡。有人曾经做过这样一个算数，很多人一年只能回家一次，见到父母 7 天，168 个小时。十年的时间，也不过只有这短短的 70 天，1680 个小时……

不嫌弃父母，体验亲情之美

故事话题

在历史上，有一个“鹿乳奉亲”的历史典故，典故中的主角叫作周郯子。在他 26 岁那一年，他的父母突然之间都病倒了，而且患上了同一种眼疾，先是眼睛发痒，几天之后竟然双目失明。

周郯子看到父母被眼疾折磨得如此痛苦，心里非常着急，便四处寻医问药，可用了众多方法，都不见效果。就这样，周郯子锲而不舍，终于在第五年，碰到了一位名医。这位名医听说了周郯子为了给父母看病，四处奔波了数年，心里非常感动，就将祖传的处方赠送给了他。

有了处方之后，周郯子又犯了难，原来处方中的主要药材是野鹿乳。野鹿是一种非常警惕动物，它们生活在森林深处，一旦发现危险，立刻就逃得无影无踪。更为麻烦的是，母鹿在被抓捕之后，母乳就会迅速减少，营养价值也迅速流失。

周郯子想，如果想要获得野鹿乳，就必须使用障眼法，混进鹿群之中。为此，他高价买来一整张鹿皮、一副鹿角，将自己妆扮起来，然后又用野鹿的尿冲洗了自己的身体，让自己的身体上带有野鹿的气味。

就这样，他终于取到了野鹿乳，为父母治好了眼疾。

故事解析

孩子逐渐成长的同时，也说明父母老了。人老了，身体总是会出现各种各样的问题，尤其是各种慢性病，逐渐侵害了父母原本健康的身体。在这个时候，如何照顾生病的父母，就成为孝顺与否最重要的表现。

疾病，不仅能够摧毁一个人身体上的健康，更能够摧毁一个人精神世界里的坚强。很多老人在医院中，除了身体上的不便，精神上也会更加依赖于自己的子女，这些都是人之常情。

周郯子的父母因为患有眼疾，如果离开周郯子的照顾，根本就没有办法独自生活，哪怕是一点点小事，他们都无法自己完成。可是周郯子从未嫌弃过自己的父母，如果他出门为父母求医，就会将他们托付给自己的邻居，请他们代为照顾几天。而自己更是通过数年时间的奔波和努力，最终才治好了父母的疾病。

孝顺，是平日里的顺心顺意，是疾病时刻的不离不弃，是久病床前的耐心，是内心深处最后的归期。每个人都要经历生老病死这个过程，无论是我们，还是我们的父母。所以，不要嫌弃陷入病痛中的他们，孝顺，是顺境时候的锦上添花，是困境时候的雪中送炭。

故事穿越

东汉时期有一个著名的大孝子，名叫江革。东汉初年，王莽篡位，导致战争频繁，很多百姓只能过着颠沛流离的生活。江革自幼丧父，是被母亲一手带大的。因为战争，他不得不带着年迈的母亲远走他乡，但这本身就是一件非常危险的事情。

母亲年迈，不能长时间行走，江革就背着她。其他同样流亡的人就劝慰他，母亲年纪大了，如果背着她走，行程就会非常慢。母亲也生怕自己拖累他，想要自己走。可是江革却非常坚定地反驳了他们。

因为战争，强盗四起，在流亡的路上，有很多人都被强盗抢劫，他们不仅仅抢劫物品，同时也掳人，用胁迫的手段让青壮年加入自己的队伍。江革遇到了好几次强盗，但每次他都哭着对强盗求情，诉说自己自幼和母亲相依为命，现在母亲年迈，如果没有他的照顾，都不知道要如何活下去。强盗看到江革如此孝顺，内心也是倍受感动，就放过了江革。

后来，江革带着母亲流亡到了江苏某地，这里没有被战乱所影响。经过了战争之后，江革只是想在这里侍奉母亲，别无他求，于是就在这里安顿下来。为了能够照顾好自己的母亲，他每日都辛苦工作，竭尽全力满足母亲的需求。

这就是历史上著名的“行佣供母”的典故。

故事微语

当我们还不会走路的时候，正是父母用自己双手搭建出一个摇篮；在我们学习走路的时候，父母用自己的双手时刻守护着孩子的安全。而到了父母年迈之后，他们已经不再是孩子生活中的保护伞，反而需要子女的照顾。在自然之中，这就叫作“反哺”。

江革在逃亡的路上，背着自己年迈的母亲，无论是从行走速度，还是遇到危险的指数，都比他独自一人要艰难很多。尽管身边不断有人跑来劝慰他，就连母亲也觉得自己拖累了儿子，也想让自己的儿子放弃自己。

尽管母亲的身体非常不好，甚至在这种危急时刻拖累着他们的行程，可是江革却从来不嫌弃自己的母亲，反而更加照顾她。

每个人都会经历从年幼到壮年，从壮年到老年的过程，每个过程之中都会遇到自己这个年纪应该遇到的问题。尤其是在年老之后，健康流失、无法继续工作等方面，都成为他们在生活遇到的问题。

不可否认，面对疾病、面对穷困，每个人内心都很难完全平静，毕竟有很多琐碎的事情都会影响生活的质量。可是，当父母的健康不再，当父母的青春不再，当父母的财力不再，作为儿女就更应该照顾父母的心情，这同样也是一种孝顺的方式。

心灵箴言

母亲是没有什么东西可以代替的。

——巴金

老年人犹如历史和戏剧，可供我们生活的参考。

——[古罗马] 西塞罗

开始吧，孩子，开始用微笑去认识你的母亲吧！

——[古罗马] 维吉尔

失去了慈母便像花插在瓶子里，虽然还有色有香，却失去了根。

——老舍

在父母的眼中，孩子常是自我的一部分，子女是他理想自我再来一次的机会。

——费孝通

当下行孝，不要等待明天

故事话题

儒家学派创始人孔子是一个非常注重孝道的人，同时也非常敬重孝顺的人。有一天，孔子出行，途中遇到一个在街道上痛哭的人。孔子非常奇怪，就问这个哭泣的人：“你怎么哭得如此伤心呢？”

“我叫皋鱼，原本也和先生一样，是个周游列国的学者。可现在我有三个过失，且这三个过失，我一生都无法弥补。”

孔子非常吃惊，心里想，有什么过失是一生都无法弥补的呢？

皋鱼接着说道：“我第一个过失，是在年少的时候。当时我为了求学，周游列国，希望能够通过自己的努力，发挥自己的能力。但在这个时候，我没有将照顾亲人放在首位，认为今后还能够有机会。第二个过失，是在我为国效力的时候，为了理想，我无法在父母面前尽孝。我终于有机会、有时间去孝顺父母了，可是我的父母却过世了，这就是我第三个过失。先生你说，我这三个过失，难道不是无法弥补了吗？”

孔子听完之后，非常感慨，于是就对自己的学生说，“们要引以为戒，这件事足以使你们明白其中的道理！”

在这件事情之后，有三成的学生都向孔子提出了辞呈，希望能够先回到家中对父母尽孝。

故事解析

正所谓“树欲静而风不止，子欲养而亲不待。”皋鱼自身三个无法弥补的过失，最关键的一条，就是他想在父母面前尽孝，可是他的父母却都已经过世。这的确是一生都无法弥补的遗憾。

在现实生活中，有很多人都会遇到这样的问题。在年轻的时候，总是觉得当务之急是为了自己的事业和工作去努力奋斗，父母的身体还很健康，还能够自己照顾自己，“孝顺”可以等待；等到父母退休之后，子女多半已经成家立业，可这个时候，又大多有了下一代，自然又会将自己的精力更多地放在孩子身上……

拖来拖去，很多人都认为能够等待的“孝顺”，却随着时间的变化，变成了很多人心中的遗憾。直到父母生病了，作为子女才恍然大悟，原来时间并没有给我们多少机会。

“孝顺”是最不能等待的事情，也是最不需要等待的事情。孝顺，是充实在我们生活每一个点滴的情感流露，是在生活细节上的悉心照顾。所以孝顺父母，切勿等待。

故事穿越

古代著名的忠臣“包青天”包拯，不仅在官场上是一个刚正不阿的官员，在生活中，也是一个非常孝顺的人。

在他少年的时候，他就因为孝顺在老家庐州闻名。后来，包拯考取了功名，中了进士。一旦考取了功名，就会有官职，但一般来说，做官的地方都不会在自己的家乡，而是要到其他地方去。

可是离开自己已经习惯的老家，包拯能够适应，他的父母却无法适应。包拯一看父母不愿意，竟然马上辞去了官职，在老家专心致志地孝顺父母。直到父母相继辞世，过了守孝期限之后，包拯才再次踏入官场。

故事微语

在中国封建社会里，对于一个读书人而言，最大的荣耀莫过于“金榜题名时”，莫过于进入仕途。然而，尽管包拯考取了功名，却为了孝顺父母而放弃了这种荣耀。

中国有这样一句老话：“父母在，不远行。”意思就是说父母在世的时候，子女应该留在父母身边尽孝，竭尽全力地照顾父母的寝室隐居。或许在现代人眼中，并不能对这句话充分地理解。

在古代，交通并不便利，医疗设施也没有现在这样完善，有些时候，父母患了疾病，即便是快马加鞭告诉了身在远方的孩子，也常常因为时间问题，来不及回到父母身边，见不到最后一面。

尽管现如今的社会，我们的交通、医疗水平都有了大幅度地提高，可是孝顺并不仅仅是偶尔为之的电话，不是一年一次的归家，更不是每个月定期邮寄的金钱数额，而是发自内心对父母的爱的反馈。

及时尽孝，是为了让自己不留下任何遗憾，是为了让父母及早感受到子女的关爱，是为了让我们的生活充满了动力和温情。

心灵箴言

亲善产生幸福，文明带来和谐。

——[法] 雨果

我们体贴老人，要像对待孩子一样。

——[德] 歌德

年老受尊敬是出现在人类社会里的第一种特权。

——[法] 拉法格

在子女面前，父母要善于隐藏他们的一切快乐、烦恼和恐惧。

——[英] 培根

一个人如果使自己的母亲伤心，无论他的地位多么显赫，无论他多么有名，他都是一个卑劣的人。

——[意] 亚米契斯

多做一些让父母高兴的事情

故事话题

作为新中国十大元帅之一的陈毅元帅同样也是一个大孝子。在 1962 年，陈毅元帅出国访问，在回来的路上，正好路过自己的老家，他就决定抽空回家看望下自己的老母亲。

陈毅的母亲因为生病已经瘫痪在床，但因为工作原因，无法在母亲的身边照顾她的生活，只好请医护人员照顾自己的母亲。陈母看到许久未见的儿子，非常激动，刚想要伸手拉过儿子，突然想起因为大小便失禁而被弄脏的裤子还在床头，于是连忙将裤子塞到床底。

陈毅很久都没有见到母亲了，连忙走上前，关切地询问母亲的身体状况。过了一小会儿，陈毅支开了其他工作人员，问道："妈，刚才我进来的时候，你把什么塞到床底下了？"

母亲支支吾吾地回道："没……没什么啊。"

"娘，我是您的儿子，您还有什么要瞒我的吗？"陈毅怎么会不知道自己母亲，十分坚持。

老母亲看实在瞒不过去，就说出了实情。陈毅连忙从床下拿出已经脏了的裤子，就准备拿去洗。老母亲连忙阻拦道："快放下！快放下！你好不容易回来一趟，怎么能让你去给我洗裤子呢！"

门口的工作人员也连忙上来阻拦说："首长，怎么能让您去洗裤子呢，你去陪老太太吧，这条裤子让我来洗。"

陈毅坚持要自己洗，他对母亲说："我小时候，不知道您给我洗过多少条裤子，现在我给您洗一条裤子又怎么了。再说了，我平日因为工作原因不能陪在您身边尽孝，现在好不容易让我有机会为您做点事情。"

听到陈毅如此坚持，老母亲和工作人员也就不再阻拦了。

故事解析

孝顺，是在生活点滴之中的关爱，更要注重让父母感到心情舒畅。古有“戏彩娱亲”，现如今，我们已经不会用滑稽自己去取乐父母了，但是做一些能够让父母开心的事情，还是在自己能力范围之内。

陈毅当时工作非常繁忙，好不容易回家看望自己的老母亲，如果他不去洗裤子，而是陪在母亲身边嘘寒问暖，也同样能够表达出自己对母亲的关怀。可是他却愿意用这种方式让母亲感受到自己的孝顺。

每个人都有自己的生活习惯，无论是父母，还是子女。当子女成家之后，常常会以照顾父母为由，让父母远离故土，来到完全陌生的城市里生活，却全然不顾年迈的父母是否能够适应。

赵本山和宋丹丹演绎的小品《钟点工》就是讲述了这样一个道理。孝顺首先就要考虑到父母的心情，考虑他们是否感到愉悦，这才是“孝顺”的中心目的。父母为了家庭、为了子女付出了自己一生的精力，当他们年老之后，适应力自然就不会和年轻人相提并论，在生活中，就需要别人多体谅、多照顾。所以，想要孝顺父母，就要尊重他们的选择，多做一些让他们能够高兴的事情，这同样是一种孝顺的方式。

故事穿越

著名演员梅婷，出生于一个普通的家庭里。在 1988 年，梅婷考到了解放军艺术学院前线歌舞团舞蹈班，都是年龄相仿的孩子，其他女孩因为家境较好，常常会买来一些漂亮衣服和化妆品。可是梅婷却从来都不去买这些。

有一年，梅婷的妈妈来到学校看望女儿，没想到看到其他女孩子都打扮得如同公主一样，自己的女儿却穿着非常简朴的衣服。母亲非常内疚，觉得是自己的没本事，才让女儿在学校里像个灰姑娘。

梅婷却不以为然，她反过来安慰母亲，说道："您为了培养我，已经花费很多了，我才不要和她们攀比这些，如果要比，还是比专业成绩吧。"

母亲听到梅婷这么懂事，心里非常欣慰。

后来，梅婷主演了一系列影视作品，《血色童心》、《红色恋人》等等，也渐渐有了一定的知名度。直到这个时候，她开始孝顺自己的父母，不管自己工作多忙，她每天晚上都要打电话给父母报平安；不管自己多么疲倦，她都陪父母聊聊天。一有空，她就将父母接到自己身边来，推掉所有工作，专心致志地陪着父母四处旅游，体会这种难得的闲暇时光。

故事微语

每个人孝顺父母的方式都不同，但无论哪一种方式，都是在自己能力范围之内，去尽力让父母感到快乐。梅婷就是采用这样的方式，作为明星，她或许能够给父母提供非常富足的生活，但是这种富足却无法满足父母的精神世界。

每一对父母最渴望的，就是看到子女的成功，以及享受和子女在一起度过的每一分、每一秒。父母的快乐，并不源自子女孝敬的金钱，更重要的，则是精神上的愉悦。

孝顺，并非是只有成家立业之后才能完成的，正如同梅婷在自己学习的时候，就能够体贴父母，知道父母培养自己所花费的心思、付出的精力。这种懂事同样也是对父母的孝顺。

孩子在成长过程中每一步，都牵动着父母全部的心思，而孝顺子女，其实也是贯穿着每个子女的一生。学生时代的孝顺，就是努力学习，不辜负父母的期许；成人时代的孝顺，就是懂得珍惜，珍惜每一次和父母相聚的时光，珍惜每一次能够照顾父母的机会，珍惜每一次让父母感到快乐的机会。

心灵箴言

老年，好比夜莺，应有他的夜曲。

——[德] 康德

母亲，是唯一能使死神屈服的力量。

——[苏联] 高尔基

世界上的一切光荣和骄傲，都来自母亲。

——[苏联] 高尔基

一个老年人的死亡，等于倾倒了一座博物馆。

——[苏联] 高尔基

老人受尊敬，是人类精神最美好的一种特权。

——[法] 司汤达

消除代沟，和父母多交流

故事话题

“戊戌六君子”之一的谭嗣同，领导了“百日维新”变法，但是最终因为慈禧太后的反对而失败。清政府开始大肆逮捕支持维新变法的能人志士，其中就包括领导者谭嗣同。当时的情况，谁都知道一旦被清政府逮捕，下场就是被处死。梁启超都规劝谭嗣同，让他到日本暂时避难。可是谭嗣同坚决不肯向清政府屈服。

面对清政府的压迫，谭嗣同已经做好了最坏的准备，将个人安危置之度外。但是摆在他面前的，还有一个很大的难题，就是他年过古稀的老父亲。清政府一贯主张“一人犯法，累及家庭”，尽管谭嗣同已经做好了牺牲的准备，但是却并不想牵连自己的父亲。

在中国封建社会之中，对于孝道是非常看重的。可现在，谭嗣同别说尽孝，甚至会因为自己而让父亲也丢掉性命。于是他模仿着父亲的笔记写下一封书信，假装与谭嗣同断绝了父子关系。希望这封信能够保住父亲的性命。

就这样，谭嗣同在菜市口大街刑场上壮烈牺牲，而他的父亲因为这封书信而免于罪责。这就是历史上著名的“谭嗣同救父”。

故事解析

在封建社会中，讲究父为子纲，父亲可以指挥自己的儿子做任何事情，如果儿子孝顺老人，自然就要按照父亲的话去做。如果以这种社会背景来看，谭嗣同绝对不算一个好儿子，为了自己的理想，他不仅没有按照其他读书人一样去走仕途之路，更因为变法而引来杀身之祸。

如果再因为自己的缘故，让父亲在年过古稀之后被处于死刑，谭嗣同更无法原谅自己。或许他没有能力再改变命运，但是他希望能够通过自己的努力，挽救父亲的生命。

尽管谭嗣同为了自己的理想付出了生命，但是谭嗣同的父亲却从来没有怨过自己的儿子，或许他无法理解儿子的选择，他却尊重儿子的选择。或许他无法理解儿子的理想，却尊重儿子的选择。

在现实生活中常常会有这样一种现象，或许只是一件小事，却让父子、母子之间造成了误会，或许这个误会并不会真的影响到这坚不可摧的亲情，但是这种沟通不畅，却让父母感到难过。

很多矛盾，都是因为误会而造成，而沟通就是消除矛盾和误会的最好方式。

故事穿越

经典影片《大鱼》讲述了这样一个故事。

爱德华·布鲁姆在自己居住的小镇里非常喜欢吹牛，常常吹嘘自己在年轻的时候，如何浪迹天涯，如何周游世界，在经历了诸多坎坷和刺激的旅程之后，满载而回，衣锦还乡……

面对爱德华的吹嘘，他的儿子威尔非常鄙视。他觉得自己的父亲就是一个谎话连篇的骗子。知道儿子对自己的态度，父亲虽然内心感到非常失落，可是却丝毫不改变自己的行为，反而越来越夸张，他天天和邻居们说自己年轻的时候见到过巨人、见到过女巫等等。

他的妻子桑德拉非常理解自己丈夫种种怪异的行为，于是就找到威尔，希望他能够理解父亲的种种做法。没想到天意弄人，威尔终于听从了母亲的建议，和父亲改变的时候，他的父亲得了癌症。

在父亲爱德华生命的最后一刻，他最终得到了儿子的尊重和理解，在深爱着他的亲人的环绕中安详地逝去。

威尔非常后悔，认为自己醒悟得太晚了，没有办法走入父亲的内心世界了。后来，威尔回顾着父亲曾经“吹牛”时候的讲述，创作了四个不同的传奇故事，而在创作的过程中，威尔终于理解了父亲当时的心情，从而发现了一个秘密，原来父亲的所有吹嘘都只是父亲要保留过去的激情和诚实的一种方式而已。

故事微语

电影《大鱼》感动了很多人，其实影片中的父亲并不是什么大人物，他同样是被生活琐事所折磨的小人物，他只能通过吹嘘自己年轻时候的经历来提醒自己还活着，但这种行为却被儿子所鄙视。

我们在和父母相处的过程中，也会有很多和父母不同的生活习惯和思维方式，有很多时候，子女都在用一种无声地抗议，让父母感到难堪。但是，当我们敞开心扉，和父母多做沟通，让父母理解自己的想法，自己也能够明白父母的决定。那么生活中就会更加和谐，父子关系也更为亲密。

人们常说，三年一小沟，五年一大沟，意思就是说，年纪相差三年，就会出现小的代沟，如果年纪相差五年，就会出现很大的代沟。父母和子女之间的岁数相差基本上都是几十岁，自然就会出现代沟，这是非常正常的事情。

可是如何消除代沟带来的负面影响呢？自然就是通过沟通。沟通，能够让父母和子女之间的情感更为深厚、能够化解掉不必要的矛盾、能够让生活更加美好。而这些最终都能够让父母感受到快乐，这难道不就是孝顺的本意吗？

心灵箴言

在孩子的嘴上和心中，母亲就是上帝。

——[英] 萨克雷

在这个世界上，我们永远需要报答最美好的人，这就是母亲。

——[苏联] 奥斯特洛夫斯基

所有杰出的非凡人物都有出色的母亲，到了晚年都十分尊敬自己的母亲，把他们当作最好的朋友。

——[英] 狄更斯

就是在我们母亲的膝上，我们获得了我们的最高尚、最真诚和最远大的理想，但是里面很少有任何金钱。

——[美] 马克·吐温

共产主义不仅表现在田地里和汗水横流的工厂，它也表现在家庭里、饭桌旁，在亲戚之间，在相互的关系上。

——[苏联] 马雅可夫斯基

说出你的爱，打造亲密的亲情

故事话题

在春秋末年，有一个叫作子路的年轻人，他饱读诗书，是孔子的学生。子路自幼家境贫寒，父母整日劳作，却仍然无法保证一家人的口粮，为了维持生计，只好整日靠吃粗粮、野菜度日。

后来，子路追随孔子学习，但他仍然没有什么能力让父母过上锦衣玉食的生活，就连生活水平也都没有太过提高。

有一天，子路的母亲突然非常想吃米饭，在春秋时期，精米还是比较珍贵的，而且要在大市集里才能买到。更困难的是，子路没有这么多钱，后来他想到自己有位亲戚家里肯定有米，距离此处至少有几十里的山路。

为了父母，子路翻山越岭走过了数十里山路，最终从亲戚家借来了一小袋米。看着父母吃到香喷喷的米饭，子路就忘记了身体的疲倦。每当别人问他为何要这样做，子路就会说，孝顺父母都是我们应该做的。

故事解析

中国一向讲究儒家思想、中庸之道，无论是在情感方面，还是在生活里，讲究的就是含蓄。无论内心有多么波涛汹涌的情感，也都不会彻底表现出来。在古代尤为如此。子路对父母非常孝顺，但是他所表现出来的孝顺，就是在生活的点滴照顾着父母的生活起居。

这种习惯，从古至今，一直流传着。在孩子小的时候，父母很少会对孩子说出“我爱你”三个字，也不会通过肢体来表达自己内心的情感。

而子女对于父母，也很少会说出“我爱你”，似乎觉得说出这样的字眼来会感到非常愧疚。其实大可不必如此。

表达自己内心的情感，是一种非常自然的诉求。尽管父母对于子女的付出是不需要任何回报的，但他们同样也正在渴望能够听到子女的情感上诉说。

说出你对父母的爱，这并不是一种矫情，而是敞开自己的内心。

说出你对父母的爱，同样也是孝顺的一种，能够让父母感受到子女在情感上的回馈。

说出你对父母的爱，能够让双方的关系更为亲密。

故事穿越

著名文学家朱自清最著名、最被人熟知的一篇散文，就是那篇《背影》，讲述了他和父亲之间深厚的情感。

朱自清的父亲朱鸿钧原本担任一些小的官职，但由于受到封建思想的禁锢，所以他对朱自清的管教非常严厉。在父亲的严厉管教中，朱自清一直都比较害怕自己的父亲。但是父亲偶尔慈爱的一面，也让朱自清感到非常幸福。

朱自清长大之后，准备投考北京大学，此时朱鸿钧已经失业，为了不影响朱自清的学业，他对这些都只字不提，反而在生活中不停地鼓励着儿子。但是从其他亲戚口中，朱自清已经知道父亲失业、家境逐渐贫寒的事情，从内心深处，更加敬佩父亲。就是在这种背景下，朱自清用满怀深情的口吻撰写出感人至深的散文《背影》。

故事微语

相较于女人，男孩似乎更难以启齿“我爱你”三个字，尤其是对于自己的父母，很多男孩都无法说出自己内心的真实情感。

朱自清其实非常爱自己的父亲，同样也感动于父母对自己的付出，可是他却无法站在父亲的面前，大声说出一句“我爱你”，所以最终只能选择用撰写散文的方式来抒发自己内心的情感。

每个人都有自己和人相处的方式，这种方式自然是因为自己的生活环境而决定的。在中国漫长的历史中，历来都是“严父慈母”的模式，在每个家庭之中，父亲似乎都扮演着比较严厉的角色，但实际上，父爱如山，他们同样有着自己的情感需求。

孝顺，就是让父母的心情感到顺畅，这份顺畅主要就是来源精神世界，大胆地对他们说出“我爱你”，让父母感受到子女的关爱，也是孝顺的一种方式。

心灵箴言

慈善行及至亲，但不应仅此为止。

——[英] 富勒

丑恶的海怪也比不上忘恩的儿女那样可怕。

——[英] 莎士比亚

家庭的基础无疑是父母对其新生儿女具有特殊的情感。

——[美] 罗素

对孩子来说，父母的慈善的价值在于它比任何别的情感都更加可靠和值得信赖。

——[美] 罗素

作为一个人，对父母要尊敬，对子女要慈爱，对穷亲戚要慷慨，对一切人要有礼貌。

——[美] 罗素

第三篇

满心敬畏：亲切的诚意最能打动他人

孝顺父母，并不是用金钱和物质去满足，更重要的是精神世界上的满足。如何能够让父母感到幸福，首先就是要做一个能够让父母感到骄傲的孩子，这种骄傲不仅仅是取得事业上的成功，而是成为一个优秀的人，自立、自尊、谦虚、谨慎，让自己成为能够给父母骄傲的人，这同样是孝顺的一种方式。

努力做一个让父母骄傲的人

故事话题

当选为“2004 年法国最健康和最孝顺的男人”希克力在生活中是一个非常普通的男人，可是他却用自己的孝心玩久了自己的父亲。

希克力出生在法国南部的马尔蒂夫，这里曾经发生过一起非常严重的化工厂毒气泄漏事故，他的母亲就死于这次事故之中。然而，苦难还没有结束，他的父亲患上一种罕见的肺病，这也是化工厂毒气泄露后的灾难。

希克力非常爱他的父亲，他不愿意再看到父亲因为疾病过世。他想，这种疾病一定是因为空气中的有害物质太多，都被吸入了肺部，所以才会得病。如果能够让父亲到空气比较清新的森林中，或许能够对病情有用。

可是在这里并没有他想要的那种森林，而父亲的身体也经受不住长途跋涉的路程。希克力在心里下定决心，既然找不到森林，倒不如为了父亲多种一些树，让这里变成森林。于是他买回很多树苗，在自家的后院里开始种树。

一年的时间里，希克力种植了数十棵树苗，最终成活了 43 棵。后来，希克力完成了自己的学业，他不愿意离开小镇，更不放心这些关系到父亲身体健康的树木，就决定留在这里当了一名卡车司机。

几年的时间过去了，希克力家后院逐渐成为一个小型的“家用森林”。每天希克力都会搀扶着父亲去“森林”中散步，呼吸新鲜空气。经过希克力的努力，父亲的身体逐渐恢复了健康，体质也增强了不少。

2005 年年初，医生再次检查希克力的父亲，发现他那罕见的肺病竟然已经治愈，着不仅仅是一个医学奇迹，更是一个孝顺带来的奇迹。

故事解析

或许我们没有能够炫耀的事业，也没有可以令人称赞的才华，但这并不代表我们就此甘于平凡，不代表我们不能让父母感到骄傲。

在生活中，希克力就是一个平凡到不能再平凡的卡车司机，可他为了自己的父亲，几十年如一日在后院里种植树木，为的就是能够改善家中的空气质量，从而改善父亲的身体。在他的悉心照顾下，他的父亲不仅心情愉悦地生活了数十年，就连那种罕见的肺病也治愈了，就连医生都认为这是一个医学上的“奇迹”。

因为这件事情，希克力家乡的左邻右舍对这个孝子都交口称赞，称赞希克力的父亲教子有方，这就是属于希克力带给父亲的骄傲。

即便是我们过着最平凡的生活，同样能够在这种平凡中收获成功，同样也是父母心中的骄傲。而这种令父母骄傲的付出，也是孝顺的一种表现。

故事穿越

高秀敏、赵本山和范伟表演的小品《送水工》讲述了这样一个故事。

下岗女工为了让在国外研究考古的儿子放心，故意说了一个谎话，自己再嫁，继父是个家底丰厚的老实男人，正是这个继父供养着儿子的学业。

儿子回国开交流会，就回家看望母亲。母亲非常担心这个谎言被揭穿，越是就聘请一个送水工扮演继父这个角色。但没想到和送水工之间毫无默契，漏洞百出。

后来，送水工实在假装不下去了，于是就对儿子说出了实情：原来他的母亲在儿子刚出国没多久就下岗了，为了继续供儿子上学，她自己开了一个小服装店，没日没夜地替别人做衣服，以此给孩子赚学费。

最终，儿子终于完成了学业，并且出人头地，而母亲的双手也因为劳动过度而发生了严重的变形。

故事微语

在中国传统思想之中，父母的所作所为，都是以孩子为主。这已经成为很多家庭的主要相处方式，无论父母遇到多么大的难题，他们都不

愿意让自己的孩子受到任何伤害，而是用自己的肩膀去承担所有的压力。

小品《送水工》就是这样的一个故事。为了让孩子在国外好好学习，母亲在国内却用自己的双手支撑着孩子的学费、家里一切的开销。这就是母爱的伟大。小品借用一个母亲的口，说出了全天下父母的心声，在父母心中，只要子女能够好好的，有令人骄傲的事业，这就是对父母最好的回报。

是的，可怜天下父母心，每一对父母都希望子女能够成才，哪怕自己付出多么大的艰辛。反过来，每一个子女最大的孝顺，就是将父母时刻放在心上，努力让自己成为父母的骄傲。就如同小品中范伟扮演的孩子一样。

或许我们不能成为人中龙凤，却可以为之付出努力。我们的人生旅途本身就是如此，要付出很多努力，才能获得收获。在付出努力的同时，我们已经收获到了一种积极向上的人生态度。当父母看到我们能也用积极的态度面对生活中的种种坎坷，内心也会充满了欣慰。

心灵箴言

智慧之子使父亲欢乐，愚昧之子使母亲蒙羞。

——[以色列] 所罗门

母羊要是听不见她自己小羊的啼声，她决不会回答一头小牛的叫喊。

——[英] 莎士比亚

尊重他人的、有责任感的孩子，产生于爱和管教适当结合的家庭中。

——[美] 詹姆斯·多伯森

黄昏，你把清晨驱散的一切收集回来；羊群归棚，孩子回到母亲身边。

——[古希腊] 萨福

还有什么比父母心中蕴藏着的情感更为神圣的呢？父母的心，是最仁慈的法官，是最贴心的朋友，是爱的太阳，它的光焰照耀、温暖着凝聚在我们心灵深处的意向！

——[德] 马克思

以谦虚的态度和长辈沟通

故事话题

春秋时期著名的名医扁鹊医术高明，他的两位哥哥同样也是医者，尽管名气和医术都不为外人所知，但是对自己的兄长，扁鹊同样心怀尊敬。

有一天，魏文王召见扁鹊，问道："你家兄弟三人都精通医术，到底哪个人的医术最好呢？"

扁鹊谦虚地回答道："回大王的话，就医术而言，大哥最好，二哥次之，扁鹊不才，只能排在最后。"

魏文王非常奇怪，扁鹊兄弟三人，最出名的就是扁鹊，是远近闻名的"神医"，可怎么到了扁鹊的口中，竟然只是最差的呢？他问道："现在你的名气最大，世人都知道扁鹊能够起死回生，是著名的神医，却对你两位兄长只字不提，这又是何道理呢？"

扁鹊笑了笑回答道："大王您有所不知，我大哥善于发现病源，往往在疾病发作之前，他就已经看出病因，对症下药，所以患者常常并不知道自己已经得了很严重的病，就被我大哥治愈了，所以别人都不知道他的医术有多高明，只有我们自家人知道；我二哥治病。一般都是在病情刚刚发作的时候，就能够察觉，并且给予最好的治疗，所以病人总是觉得我二哥治疗的都是一些小病；而我治病一般都得等到病情比较恶化之后。所以病者看到我在治疗的过程中针灸、放血，就以为是我的医术最为高明。"

魏文王听完之后，连连称赞，扁鹊真是一个谦虚的医者。

故事解析

谦虚，是对于他人的一种态度，同样也是一种对于人生的态度。对于他人谦虚，表现出的是自己的一种胸怀，更是一种心态上的低姿态。

在长辈面前，保持着谦虚的姿态，这是中国封建社会的一种基本要求，正所谓“长幼有序”。可是在现如今，这种传统的认知已经越来越淡薄，尽管这些让很多家庭变得开化很多，也让家庭氛围轻松很多，但是这些变化的第一原则，就是小辈对长辈的态度。

一个家庭之中，可以开玩笑，也可以用相对轻松的态度去相处，可是尊老爱幼仍然是每个家庭和谐相处的根本。

谦虚地对待自己的父母、兄长，就如同扁鹊那样。在扁鹊和他的两个兄长之间，无论医术还是名气，自然是扁鹊技高一筹，可是在别人询问的时候，他却用贬低自己的方式，去夸奖两位兄长。

谦虚地对待长辈，不仅体现出自己内心对长辈的尊敬，更能够让整个家族和谐相处。经过漫长的历史传承，中国人更适应大家族交错着生活在一起，哪怕在现如今这种快节奏的生活方式中，家族之中的走动也是非常频繁的。作为长辈，自然是渴望看到这种和谐相处、儿孙满堂的状态。所以，谦虚地面对长辈，同样是孝顺的一种方式。

故事穿越

唐朝著名的书法家柳公权，自幼就练习书法，在整个家乡他的书法是最为出色的，常常得到朋友和老师的夸奖。年轻气盛的小孩一被夸奖就难免骄傲起来，时间久了，柳公权也觉得自己的书法非常优秀，将来一定能够成为书法大家。

有一天，柳公权和其他几个年龄相仿的小伙伴练习书法，刚写完，其他小伙伴就称赞他写得太好了。听着他们的称赞，柳公权不免得意起来，他说道："这有什么，不是我吹牛，等过几年，我的书法一定是天下第一。"

就在他说这番话的时候，一个老者路过此地，看到了柳公权的书法，于是他说道："这个字并非是上乘之作，毫无筋骨。据我所知，有人用脚写得都比这个要强百倍！"

在这些小伙伴面前遭到别人的抢白，柳公权小脸涨得通红，他立刻反驳道："这怎么可能，怎么可能有人用脚都比我写得好，我不相信！"

老者回答道："你要是不相信的话，就自己到华京城去看看，看我是不是在骗你。"

第二天，心里不服气的柳公权果然一大早就去了华京城，果然在城门口处就有一个没有双臂的老头背靠着城门，赤裸双脚，坐在地上，正在挥洒自如地鞋子。柳公权立刻走过去，只见这个老者写出来的字龙飞凤舞的，每一笔都刚劲有力。看着老者的字，再想想自己的书法，他觉得非常惭愧。

于是，柳公权立刻走到老人面前，跪在地上，非常诚恳地说："老人家，我愿意拜您为师，请您指导我的书法！"

老人被吓了一条，连忙放下笔，说道："小伙子，我只是一个可怜的人，靠着在这里写字维持生计，如何能够做你的老师呢？"

柳公权并不放弃，苦苦哀求。看着孩子如此诚心，老人拿起笔写了一句话送给他——"写尽八缸水，砚染涝池黑；博取百家长，始得龙凤飞。"

柳公权将这句话牢记在心中，刻苦练习，最终成为唐朝非常著名的书法家。

故事微语

孝敬长辈，其中最重要的一个字就是“敬”，特指尊敬。

尊敬他人，是每个人立足于社会的根本，因为只有这样，才能获得别人对自己的尊重，谦虚的态度也能够得到别人的好感。正如同柳公权对待无臂老者，无论这名无臂老者的身份和地位，哪怕他就是个在大街上卖艺的可怜老人，柳公权都非常尊敬地对待他，才能够收获这句来之不易的练字箴言。

在现实生活中，我们也同样会遇到类似的情境，毕竟在这漫漫的人生旅途之中，有太多人能够充当我们的良师益友，而谦虚的态度正是让我们收获这些帮助的根本原因。

在家庭中，谦虚的态度能够让父母内心收获一丝欣慰，孩子的点滴成长都是他们的心血铸就而成，每一次进步都是他们倾心付出。所以面对长辈，心怀谦虚，这绝非是一种虚伪，而是一种在心态上的尊重。

心灵箴言

虚己者进德之基。

——方孝孺

不满足是向上的车轮。

——鲁迅

满盈者，不损何为？慎之！慎之！

——朱舜水

劳谦虚己，则附之者众；骄慢倨傲，则去之者多。

——葛洪

恃国家之大，矜民人之众，欲见威于敌者，谓之骄兵。

——魏相

一日为师，终身为父

故事话题

宋朝有个知名的学者叫杨时，他自幼勤奋读书，在考取功名之后，却不愿意进入仕途，反而继续钻研学问。程颢、程颐兄弟是宋朝时期最著名的学问家，杨时对他们非常敬佩，于是就来到这里拜他们为师。后来，程颢逝世了，杨时就专心侍奉程颐。

有一天，杨时准备去找老师请教一个问题，便找到另一个学生游酢一同去程颐家里，守门的人告诉他们，程颐正在午睡。为了不打扰老师休息，两名学生就站在门口，等着老师醒来。

突然，天空乌云密布，在这个时候竟然下起雪来。雪片非常大，带着凌冽的寒风，杨时和游酢被冻得瑟瑟发抖，但仍然不踏进门口。

等到程颐醒来的时候，杨时和游酢已经在雪地里站了很久，门外的积雪已经有一尺多深了。这就是历史上著名的“程门立雪”的典故。

故事解析

曾经有这样一句话非常著名——“一日为师，终身为父。”在很多书籍、影视作品中市场能找到这句话。在封建社会里，人们对于尊师重道非常看重，师傅对于徒弟甚至有生死大权的决定，尤其是在梨园行这种行当之中，更是非常常见。

因为在古代，收学徒不仅仅是要传授课业，更重要的是要传授做人的道理和职业操守。从这一点来看，师傅和父亲扮演的角色却是非常相似，所以，对于师傅的尊重就如同对父亲的孝顺，是相同的。

杨时正是出于对程颐的尊重，才能长时间在雪地里坚持着，却始终不去打扰老师休息。最开始他钦佩的是老师的种种才华，到后来，就是被老师的为人和气度所折服，发自内心地尊敬自己的老师。

“尊师重道”在中国是非常普遍的，即便是到了近现代，同样如此。尤其是在像京剧、相声这样的传统行业之中，这种品德依旧流传。

故事穿越

著名的科学家居里夫人因为发现了镭，从而获得了诺贝尔奖，享誉世界。在很多人眼里看来，居里夫人辛苦了这么久，好不容易获得了成功，肯定要好好放松一下，但是居里夫人心理只有一个最大的愿望，就是帮助自己的法语老师完成心愿。

居里夫人非常尊敬自己的老师，尤其是她的法语老师。这名法语老师出生于法国北部的第厄普，但是因为经济原因，她支付不起从波兰到达法国的费用，所以一直都没有办法回到老家。

身在法国的居里夫人一直都和法语老师书信往来，非常理解老师的心情。在她得到诺贝尔奖金之后，立刻就给老师支付了波兰飞往法国的机票，并且特意邮寄给老师一部分旅费，邀请她来自己家中做客。

除了这位法语老师，居里夫人对于自己小时候的老师同样非常尊敬。在 1932 年 5 月，由居里夫人领导的华沙镭研究所建成，居里夫人特意回到祖国参加落成典礼。就在典礼马上就要开始的时候，居里夫人突然从主席台上跑了下来，穿过人群来到一位坐在轮椅上的老人家面前，亲自将这名老者推到主席台前，向大家介绍，这位老人正是居里夫人儿时的老师。

即便居里夫人已经成为世界著名的科学家，可她仍然没有忘记任何一位向她传授知识的授业恩师。

故事微语

“尊师重道”不仅是中华民族的传统美德，甚至在全世界的范围内，都是存在的。居里夫人对她的没一任教师都心怀感恩，感激他们教会自己知识，自己在事业上的成功，虽然和自己的努力分不开，可同样，如果没有这些教师的悉心教导，她是无法取得这样的成功。

所以在居里夫人成功之后，力所能及地帮助着自己的老师，哪怕是小学时候的教师，她都发自内心地尊敬他们。

对于为自己传到授业解惑的老师们，每个学生都应该心怀感恩、心怀尊重。正是有了这些老师辛苦地付出，我们才能懂得书本上那些成为我们成功基础的知识，才能明白很多做人最基本的道理。甚至有些优秀的教师，帮助我们改正自己身上的缺点。

就如同有人形容，教师就是辛勤的园丁，就是点燃自己、照亮别人的蜡烛。尊重教师，敬重教师，也不仅仅是对于一个人的尊重，而是对于这个行业、对于为我们指引人生方向的人的尊重。

心灵箴言

为学莫重于尊师。

——谭嗣同

善之本在教，教之本在师。

——李觏

师者，所以传道，授业，解惑也。

——韩愈

明师之恩，诚为过于天地，重于父母多矣。

——葛洪

人冀子孙贤，而不敬其师，犹欲养身而反损其衣食也。

——王卓

顶撞父母不如体谅父母

故事话题

北宋时期的朱寿昌同样是一个大孝子，他最著名的典故就是“弃官寻母”。

朱寿昌的父亲朱巽是宋仁宗年间的工部侍郎，母亲刘氏是娶进门的小妾，常年被朱巽的正房妻子所欺压，后来因为忍受不了这样的侮辱，刘氏被迫离开了朱家。

在朱寿昌知道整个事情的来龙去脉之后，便四方打听刘氏的消息，却一无所获。后来，朱寿昌考取了功名，有了官职。就在这个时候，有人告诉他，在陕西一带见过刘氏的踪影。这时候距离刘氏离开朱家已经几十个年头，而朱寿昌也已经从一个刚刚懂事的小男生长成了一个年过半百的男子。

为了去寻找自己的生母，朱寿昌辞去了自己的官职，只身一人来到陕西，最终找到了自己的生母刘氏，原来她已改嫁他人，并且养育了几个子女。朱寿昌不仅将老母亲接回家中，就连她的子女也都视为血亲。这件事情传到了宋神宗的耳中，他赞赏朱寿昌是一个大孝子，不仅给予赏赐，还命令他官复原职。

故事解析

对于朱寿昌而言，在他前半生的时间里，“母亲”只是一个空洞的称谓，无论是出于什么原因，母亲抛弃了他，这是铁一般的事实。尽管最终他弄清楚了事情的整个来龙去脉，母亲离开家庭、离开他都是有原因的。可是在他年幼的时候，或许在他的内心中是埋怨过自己的父母的。

可是最终朱寿昌却选择体谅父母的难处，不仅如此，他甚至选择放弃自己的官职而去寻找自己的亲生母亲。这就是属于他的孝顺。

其实在我们现如今的生活中，常常会遇到和父母意见相左的情况，毕竟有代沟的存在，很多人无法理解父母的严厉，而父母却无法理解子女内心中属于青春期的躁动和叛逆。甚至有些家庭内部，时常会因为很多琐碎的小事而产生争吵。

其实争吵并不能解决任何矛盾，与其去顶撞父母，倒不如去体谅父母的苦心。与其用激烈的口吻去争执，倒不如敞开心扉，对父母说出自己内心深处真正的想法，用沟通去化解。

故事穿越

明朝著名的“三杨内阁”之一的杨士奇，官至礼部侍郎兼华盖殿大学士，兼兵部尚书，辅佐五朝皇帝，在内阁为辅臣四十余年，首辅二十一年，是明朝非常著名的名臣。

就是这位学识出众的名臣，却在幼年时候经历了诸多坎坷。杨士奇刚刚出生之后不久，他的亲生父亲就因病过世。为了维持生计，他的母亲只好带着襁褓中的他改嫁，继父罗性是个小官员，同时也是地方上比较有名的文人墨客。对于杨士奇，罗性照顾有加，但是却并不重视。为了能够让杨士奇在家中有个立足之地，杨母便将杨士奇改姓“罗”。

有一年，罗性家举办一年一度的祭祖仪式，尽管已经改叫罗士奇，他

还不能参加这种祭祖仪式，但是杨士奇在心里发誓，一定要给自己的父亲也举办一次这样的祭祖仪式，方可对得起自己的父亲。

他没有钱，就自己动手，办不了大型的仪式，就找来几块石头，垒成墓碑的样子。他的举动被罗性看到了。罗性就上前问道：“你在这里做什么？”

杨士奇回答道：“我也在给我们杨家祭祖。”

罗性听完，点了点头，又问道：“你怪不怪你的母亲让你改姓？”

杨士奇摇了摇头。他心里非常清楚，母亲这样做也是无奈之举，也是为了让自己能够活下去，又怎么会怪罪呢？

罗性看到杨士奇如此懂事，又如此有志向，便开始教导他读书，并且让他改回了自己原来的姓氏。等到杨士奇长大之后，不仅在官场上刚正不阿，对自己的母亲更是孝顺有加。

故事微语

在封建社会之中，妇女改嫁、孩子改姓这些都是比较重大的事情，如果不是真的是无法存活下去了，几乎没有人会这样做的。杨士奇改姓“罗”，虽然这是母亲为了让他能够在罗家立足，但却并没有考虑到杨士奇本人是否愿意。

尽管杨士奇内心中并不愿意，可是面对母亲为难的样子，他什么都没有说，更没有坚持。可是在内心深处，他也坚持要为父亲尽孝。

生活中不仅有幸福，同样也会有磨难，或许在我们年龄很小的时候，无法理解父母的良苦用心，可面对父母的安排，与其毫无缘故地反对，倒不如体谅父母。

在这个世界上，任何一个人的爱都无法和父母对子女的疼爱相比，父母之爱是无私的，是伟大的。

心灵箴言

再没有什么能比人的母亲更为伟大。

——[美] 惠特曼

一家人能够相互密切合作，才是世界上唯一的真正幸福。

——[法] 居里夫人

有的儿女使我们感到此生不虚，有的儿女为我们留下了终身遗憾。

——[美] 纪伯伦

和睦的家庭空气是世界上的一种花朵，没有东西比它更温柔，没有东西比它更适宜于把一家人的天性培养得坚强、正直。

——[美] 德莱塞

多敬一分长辈，多学一分道理

故事话题

在“二十四孝”中有一个典故叫作“孟宗哭竹”，讲述三国时期一个叫孟宗的人，自幼非常孝顺。有一年，他的母亲身患重病，医生看过之后，嘱咐她要食补，一定要用新鲜的竹笋煮汤喝掉。但当时正值严冬，去哪里寻找鲜笋呢？

心急如焚的孟宗独自一人在竹林里转悠，希望能够找到一些，但结果却令他非常失望。无计可施的他扶着一棵竹子哭了起来。就在他痛哭的时候，突然听到一声巨响，地上竟然裂了一道缝隙，从缝隙内竟然长出好多棵新鲜的竹笋。孟宗心里非常高兴，连忙采了下来，煮汤给母亲喝掉。果然，母亲病愈。

尽管这个故事非常感人，但在现实中并不可能。在历史上，孟宗的确是一名大孝子，对于母亲的话言听计从。他的母亲非常贤惠，不仅教导他要勤奋读书，还教导他要爱护同窗。有一天，他的同窗在挑水的时候，不慎摔伤，孟宗就在课余为冷暖补习功课。不仅如此，还挑起照顾同窗病重母亲的生活，热汤喂药。

后来，孟宗做官之后，他的母亲因病过世，孟宗弃官回家为母亲奔丧，守孝三年，日夜陪伴在母亲的坟墓旁，让乡里的百姓都非常感动。

故事解析

每个人来到这个世界上的时候，都如同一张白纸，如何在这张纸上书写出属于自己的人生，其中父母的功劳非常重要。孝顺父母，不仅能够让家庭之中充满了温馨和和睦，更重要的是，还能够让我们学会做人的道理。

孟宗平日对母亲非常孝顺，母亲也是一个知书达理的女子，所以在对于孩子的教育上，她非常用心，这些就是孟宗从母亲哪里学到的道理。

在我们的人生中，第一任启蒙老师自然就是我们的父母，无论是做人方面，还是在生活习惯方面，父母都是孩子的榜样。但同样，每个人都会经历一个容易产生叛逆的青春期，在这个时候，孩子容易产生很多想法，甚至会认为父母不过如此。

但老话说，父母吃的盐比我们走的路都多。他们经历过子女未曾经历过的事物，得到过子女未曾体会的感受，在人生的旅途中，父母就如同我们的人生舵手，能够帮助我们少走弯路，能够帮助我们判断正确。所以，多多聆听父母的建议，这不仅仅体现出自己对父母的尊重，更重要的是，能够多多聆听一个过来人对人生的感悟。

故事穿越

南朝官员庾黔娄同样是一名大孝子。从小，在他读书的时候，他的父亲就教导他要勤奋用功，他也非常敬重自己的父亲。

后来，在父亲的严厉管教下，庾黔娄果然没有辜负父亲的期待，考取了功名，到孱陵担任知县。在临行前，庾黔娄非常不放心父亲，生怕自己不在父亲的身边，无人能够好好照顾他，可是父亲却反复叮嘱他要做个好官，不用担心自己。

到了孱陵之后，庾黔娄按照父亲的叮嘱，准备在这里做一名优秀的地方官员。可是就在他到任的第十天夜里，他突然做了一个噩梦，醒来之后满头冷汗，却记不起到底梦到什么。他预感家中有事，立刻辞官返乡。

等他到了家中才知道，原来父亲已经身患重病，请来的医生告诉他："这个病治不了，你要时刻观察病情，尝一尝病人的粪便，如果味道是苦的，就说明病情还算稳定，如果味道偏甜，那么就请你及早准备后事吧。"

庾黔娄尽心尽力照顾父亲，每次父亲排便之后，他都要用指尖蘸一点品尝味道。没过几天，他就尝出了甜味，想到医生的话，他心里格外忧伤，整夜跪拜苍天，想为父亲祈福。但是，他的父亲还是过世了，伤心不已的庾黔娄厚葬了自己的父亲，并且为父亲守制三年。

故事微语

庾黔娄的父亲一生的心愿，就是希望自己的孩子能够当一个为国为民的好官，造福一方，光宗耀祖。但当庾黔娄听到父亲生病的消息之后，他却没有按照父亲的想法去做，而是选择回到父亲的身边照顾他的生活起居。

每一个人生阶段之中，父母都会给我们很多建议，这些建议或许能够成为我们人生走向中最关键的转折点，也可能是我们人生取得成功的基础。当然，也并非是父母的所言全部都是正确的，这就需要作为子女能够甄别。

孝顺父母，是传承下来的美德，更是人生的智慧，是对父母之爱的感恩，是对父母关怀的反馈。

心灵箴言

母亲的爱是永远不会枯竭的。

——[苏联] 冈察尔

母子之情是世界上最神圣的情感。

——[法] 大仲马

没有和平的家庭，就没有和平的社会。

——[日] 池田大作

我们有谁看到从别人处所受的恩惠有比子女从父母处所受的恩惠更多呢?

——[古希腊] 色诺芬

第四篇

独当一面：你若自强，亲人才得心安

任何一对父母对子女唯一的愿望，就是希望孩子能够健康、能够幸福、能够拥有自己的成功。而每个子女在成长的过程中，都肩负着父母期待的目光。将这种压力转化成为人生的动力，去开疆辟土，收获人生的成功。

别把长辈都当成“保姆”

故事话题

北宋时期著名的诗人、书法家黄庭坚与苏轼、米芾、蔡襄并称为“宋代四大家”，是当时非常著名的文人墨客。在通过科举考试之后，他被任命为国子监教授，后来又担任《神宗实录》的主要编撰人员。

就在他编撰完了《神宗实录》之后没过多久，黄庭坚的母亲就过世了。这件事情给黄庭坚带来非常沉重的打击。

黄庭坚和母亲之间的感情非常深厚，从小黄庭坚就在母亲的教导下用心读书。尽管母亲没有读过什么书，却是个知书达理的大家闺秀。在黄庭坚做了官之后，母亲又教导他，一定要做一个为国为民的好官，尽管他的工作只是编撰《神宗实录》，母亲却仍然叮嘱他，不管做什么官职，一定要对得起自己。

可就在黄庭坚编撰《神宗实录》的过程中，他的母亲就生了重病。黄庭坚知道之后，非常担心，每日都回到家中亲自为母亲清洗身体、衣物，甚至是肮脏的便桶，他都不嫌弃。母亲有时候不舍得自己的儿子如此辛苦，可是黄庭坚坚持如此照顾母亲。

在母亲过世之后，黄庭坚为母亲守丧，甚至就在母亲坟墓旁边修筑了一个小屋子，每日住在里面，陪在母亲身边。

故事解析

自从 20 世纪 80 年代开始，中国实行了计划生育这项基本国策，大部分家庭之中都是独生子女，因为家长的溺爱，造成了一个普遍的现象——独生子女自理能力比较差，甚至母亲对孩子的抚育都演变成为生活上无微不至的照顾。有人将母亲这个角色重新赋予新的内涵——保姆。

封建社会属于农耕社会，每个家庭之中，父母都需要下田做农活，孩子在家中自然就要学会如何照顾自己。而在父母老了之后，孩子就要承担起照顾父母的责任。就如同黄庭坚这般，母亲生病之后，他不仅能够在生活中照顾，还能够抚慰母亲的心情。

无论父母对于子女的保护有多么周全，但是没有人能够在父母的护佑下存活一生，早晚都要踏入社会上去经历磨难。正如同在动物界，母亲对于自己孩子的哺育，除了要喂食之外，更重要的是要教会它们如何战胜自然，如何逃避天敌。

所以，不要永远存在在父母羽翼之下，也不要把父母当做生活中的保姆，必须要认清自己的角色，才能在生活中收获美满和幸福。

故事穿越

东汉时期的大孝子蔡顺，他自幼丧父，和母亲相依为命。自从他成年之后，他就一直照顾着自己母亲。

无奈的是，王莽改制，导致天下大乱，百姓们流离失所，市场内物价飞涨。在这种环境之下，蔡顺无力购买柴米，只能每日到树林里去摘些野菜、桑葚等充饥。

有一天，就在他摘取桑葚的时候，恰好遇到一队士兵。士兵最初看到不过是个采野菜的农汉，并不在意，但其中一个军官看到蔡顺在采摘时候怪异的举动，立刻就在心中起了疑心。

蔡顺并非像其他农汉那样，一味低着头采摘桑葚，而是采摘完了，将桑葚分别放在两个筐里。军官觉得这个举动非常奇怪，就让人带来蔡顺，问他为何这样做。

蔡顺回答道："黑色的桑葚是熟透了的，味道比较甜，是给我母亲吃的，红色的桑葚还没有成熟，味道偏酸，是给我吃的。"

军官听闻之后，感动不已，立刻就想到远在家乡的自己的老母亲，于是他送给蔡顺三斗白米和一头牛，让他好生照顾自己的母亲。

故事微语

在父母面前，每一个子女似乎永远都是长不大的孩子一样，无论他们身上存在什么不足，父母也都不会放在心上。甚至当子女身为人父、人母之后，父母都在为子女们操心。可就在不经意间，时间带走了父母的健康，让一头黑发染上了岁月的斑驳。

在这种时候，子女对于父母的孝顺就显得更为重要，因为我们要和父母互换位置，从一只备受照顾的角色承担起照顾他们的责任。在动物界有反哺的现象，其实在人类社会之中同样需要如此。

蔡顺之所以在口粮如此稀缺的时候，仍然能够坚持让母亲食用甜美的成熟桑葚，自己却吃酸涩的、没有成熟的桑葚，就是出于对母亲的孝顺。

孝顺并不是只是嘴上说出的话，更重要的是要付之于行动之中。这才是真正的孝顺。

心灵箴言

羊有跪乳之恩，鸦有反哺之义。

——《增广贤文》

要知亲恩，看你儿郎；要求子顺，先孝爹娘。

——《四言》

要问如何把亲孝，孝亲不止在吃穿；孝亲不教亲生气，爱亲敬亲孝乃全。

——《劝报亲恩篇》

在父母的眼中，孩子常是自我的一部分，子女是他理想自我再来一次的机会。

——费孝通

做一个自强自立的人

故事话题

明朝最著名的内阁首辅、被梁启超称之为“明朝唯一的大政治家”的张居正，在万历年间，升至内阁首辅，辅佐年仅十岁的万历皇帝，在任职期间，他主张改革，实行一条鞭法和考成法等策略。

但就在他实行改革的关键时刻，他的父亲张文明过世了。按照中国封建社会的传统，不管官职如何，如果父母过世，必须要回到老家，为父母守孝三年，这叫“丁忧制度”。如果官职非常重要，且朝廷需要，也有一种方式，就是“夺情”。

张文明过世的时候，万历皇帝已经成人了，但他觉得自己无法承担统治大明王朝的重任，坚决不肯让张居正回到老家去丁忧。而满朝文武大臣却并不认为这是万历皇帝的意思，而是张居正贪恋权势，想要利用万历皇帝违反人伦纲常。

就在双方争论不休的时候，万历皇帝下令，命令张居正夺情，继续担任内阁首辅。张居正将父亲过世的悲痛隐藏在心中，继续他的改革大计。通过张居正的改革，万历初年，明朝恢复了经济、军事实力，并且延续了明朝的命脉。

故事解析

对于父母而言，这一生之中最大的成就并非是出于自身，而是来源于下一代。看一个粉嫩嫩的孩子在他们的教育下，从一个什么都不懂的少年，成长为一个出色的青年，并且通过自己的努力，一步步走向成功。

张居正夺情是明朝历史上非常著名的一个事件，有人抨击张居正不孝顺自己的父亲，只为了留恋权势，也有人为张居正辩解，这并非是张居正的愿意，而是万历皇帝的圣旨。可用我们现如今的眼光来看，张居正这样的做法，更符合现代人的观念。

孝顺父母，就要让自己成为一个自立自强的人，因为这是每一对父母最初的满足感。

孝顺父母，要用自己人生的成功来报答父母对自己的教诲和指导。

孝顺父母，更是实现自己的人生价值，只有这样，才能不枉费父母的付出。

故事穿越

中国近代著名的文学家鲁迅同样也是一个非常孝顺的人，他的母亲是一个饱受痛苦的女性，她嫁给鲁迅的父亲之后，没过几年的幸福时光，她的丈夫就因病过世。对于母亲一生的苦难，鲁迅尽管从不对任何事情妥协，但是为了母亲，他却同意了封建包办婚姻。

在鲁迅工作之后，他便竭尽全力地在生活上照顾母亲、关心母亲，尽量让母亲过得舒适、幸福。尽管他工作非常忙，可是为了不让母亲感到寂寞，他每天晚上都会回到家中，陪母亲聊天，说一些工作上的趣事，让母亲开心。

除此之外，鲁迅也很在意母亲的精神世界上是否满足，他常常买来一些母亲喜欢看的书籍，送给母亲看，又常常带着母亲去看戏。

鲁迅的孝顺让身边的朋友都非常感动，而母亲也常常为鲁迅感到骄傲。

故事微语

在中国近代史上，有很多文人墨客都因为封建包办婚姻而妥协，比如鲁迅，比如徐志摩，他们用自己一生的幸福作赌注，顺从了父母的心愿。但鲁迅最大的孝顺，并非是顺应母亲结婚，而是他对自己人生的掌控。

鲁迅的母亲是一个苦命的女人，年轻的时候失去自己的女儿和丈夫，她一生唯一的希望就是鲁迅和他的其他兄弟们，如果他们能够成为有用的人，自然是母亲心中最大的欣慰。鲁迅的一生都在为自己内心的信仰努力着，不仅仅是为了自己，还为了母亲的心愿。

每个孩子出生之后，都继承着父母最大的希望。虽然不是要求每个人按照父母指定的道路前行，但只要不放弃自己，自立自强，自然就能让父母内心感到欣慰，自然也是孝顺父母的方式之一。

心灵箴言

亲人不睦家必败。

——[美] 林肯

母爱是一种巨大的火焰。

——[法] 罗曼·罗兰

家是父亲的王国，母亲的世界，儿童的乐园。

——[美] 爱默生

慈母的心灵早在怀孕的时候就同婴儿交织在一起了。

——[英] 狄更斯

我看见过挨饿的孩子。我看见过母亲和妻子们的悲痛。我痛恨战争。

——[美] 罗斯福

自动远离那些违背孝道的事

故事话题

小亚当斯的父亲约翰•亚当斯是美国第二位总统，自幼他就非常崇拜自己的父亲，便在心中立志，长大后一定要成为和父亲一样伟大的人。

在他读书的时候，小亚当斯就非常用功，不仅在哈佛大学学习的时候成为了一名小有成就的语言学家，在毕业之后，又成为了一名律师，写了很多维护华盛顿中立政策的文章。在他 26 岁的那一年，他就被任命为驻海牙公使。后来，他又担任了罗门总统手下的国务卿，以自己突出的业绩被称为“杰出的国务卿”。在 1842 年，经过长时间政治实践的小亚当斯终于当选为美国第六位总统，成为美国历史上唯一的父子总统。

成为总统之后，小亚当斯非常认真地学习着父亲的治国之道。父亲在担任总统的时候，为人宽容，而他也学到了父亲的这种品质。他不仅任命当时跟自己竞争过总统的克莱为国务卿，还任命自己的政敌安得鲁•杰克逊将军为陆军部长。他的这种举动稳定了当时的证据，有人曾经问过，他为何要任命和自己政治理念不同的人呢？小亚当斯却回答道：“我要像父亲一样，要把国家治理好，就得团结包括与自己竞争过甚至与自己为敌的人。”

故事解析

在每个孩子心中，父母的身影都是伟岸的。在儿子的心中，父亲永远都是他们的榜样、他们心目中的英雄；在女儿心中，父亲永远都是最安全的港湾。在进入社会之前，很多孩子都曾经有过这样的行为——不自觉地模仿着父母的行为举止。

小亚当斯自幼就是将自己的父亲视为榜样、视为英雄，在内心中极度渴望着自己也能够成为像父亲那样的人物。为此，他付出了很多努力，最终取得了成功。

其实这绝非是特例，在每个人成长的过程中，父母扮演了非常重要的角色，而这个角色是在我们意识形态形成过程中最为熟悉的，自然就会给我们的人生带来深刻的影响。

孝顺父母，顺从也是非常重要的一个关键。任何一个父母都不愿看到自己的子女做出离经叛道的事情，所以，珍惜自己，不要让自己走上错误的道路。

故事穿越

德国著名的有机化学家阿道夫·冯·贝耶尔因为合成靛蓝，对有机染料和芳香族化合物的研究作出重要贡献，获得 1905 年诺贝尔化学奖。

但是在他很小的时候，他并没有表现出自己非常突出的才华。直到他 10 岁那一年生日，贝耶尔的人生发生了巨大的转折。

和每一个过生日的小孩一样，满心欢喜地期待着父母给自己准备的生日礼物。可当贝耶尔回到家中之后，才发现，家里完全没有什么不同。

其实贝耶尔的母亲哪里能不知道孩子心中到底在想什么呢？但是她知道贝耶尔是一个非常聪明的小孩，如果教育得好，将来他一定能够有自己的成绩。所以她决心用这个生日好好教育一下自己的儿子。

母亲来到贝耶尔的面前，温柔地说道：“你出生的时候，父亲已经 41 岁了，当时他是个大老粗。可是你出生了，你父亲不愿意将来被自己的儿子看不起，就开始努力学习。妈妈当然知道今天是你的生日，可是明天爸爸就要去参加考试了，我们是不是应该保持安静给他创造一个好的复习环境呢？”

贝耶尔点了点头，觉得母亲说得非常有道理。

母亲接着说：“父亲其实已经将自己的礼物送给你了，你想想看，究竟是什么？”

贝耶尔仔细想了想，这一天父亲并没有交给他什么礼物啊，于是他摇了摇头，表示不知道。

母亲笑着摸摸他的头说：“父亲虽然年纪大了，但是他仍然坚持学习。并不是父亲小时候不努力，而是小时候没有这么好的学习环境。现在你拥有这样好的学习环境，应该要珍惜才对。这就是父亲送给你的生日礼物。父亲这么大年纪了，还在坚持学习，这种锲而不舍的精神，难道不是一份最难得的礼物吗？”

贝耶尔终于明白了，原来父亲送给他的礼物就是为自己树立了一个榜样。在此之后，贝耶尔发奋读书，从不懈怠自己的学业，最终成为了著名的化学家。

故事微语

每个孩子身上都会存在自己的缺点和不足，毕竟金无足赤人无完人，可是当孩子从心里认识到自己的不足之后，如何做就成为不同人生最终要的转折点。

贝耶尔认识到自己身上的不足之后，对比自己的父亲，最终发愤图强，成为生活中的强者。这样的结果自然是每个家长都希望看到的，毕竟孩子的成功才是家长内心中最大的欣慰。

在成长过程中，我们难免都会犯错，或许这些错误并非是非常严重的，可这些错误同样能够成为影响我们一生负累，也成为父母心中的担忧。

改正自己身上的不足，完善自己，父母看到这些自然会感受到欣慰。

心灵箴言

亲亲，仁也；敬长，义也。

——《孟子·尽心上》

孝子亲则子孝，钦于人则众钦。

——林逋

孝顺还生孝顺子，忤逆还生忤逆儿。

——《增广贤文》

孝敬父母经常可以代替最高贵的感情。

——孟轲

有难事，弟子服其劳；有酒食，先生馔。曾是以为孝乎？

——子夏

懂得爱惜自己，父母才放心

故事话题

英国著名的政治家丘吉尔从小就被同学们所排挤，因为他患有口吃，成绩也非常不好，老师对他的态度也非常不好。

有一天，老师在上课的时候，发现丘吉尔正在发呆，于是就很生气地呵斥道：“丘吉尔，你又在发呆，如果你现在还不用功的话，长大了你就只能做一个可怜的寄生虫！”

丘吉尔连忙站起来，非常认真地说：“不，长大之后我……我……我要当一名演……演说家。”

由于口吃，丘吉尔的这一句话说得断断续续的，让老师更加生气，也让周围的同学大笑起来。一个口吃的丘吉尔，理想竟然是演说家。

这一天回到家中的丘吉尔，闷声不吭地回到自己的房间里，父亲看着儿子今天的状态非常不好，于是就追到房间门口。可是任他如何敲门，丘吉尔都不开门。其实自从丘吉尔进入学校之后，也常常被人欺负，可是丘吉尔每次回家都会大哭大闹，完全不会有现在这种表现。丘吉尔的父亲就坐在门口仔细听着门里的动静。

原来，丘吉尔将自己锁在房间里，开始练习说话，他把每个单词的音节一个音一个音地朗读出声，然后在连起来读出整个单词，再一个音一个音纠正发音。

从这一天开始，丘吉尔每天都非常刻苦地练习自己的发音，直到最后，他终于克服自己口吃的毛病，并且拥有了幽默风趣的谈吐。

故事解析

在父母的心目中，无论自己的孩子游泳怎样的缺陷，他都是世界上最可爱的，这就是父母的心态。可是并不能因为父母的这种心态，我们就放任自己，让自己随波逐流。

就如同丘吉尔，他不愿意让自己因为口吃这个问题，一辈子成为别人的笑柄。这种嘲笑不仅刺痛了丘吉尔敏感的内心，也成为丘吉尔父亲心中最大的担忧。为了打消父母的担忧，丘吉尔非常刻苦地练习自己的口语、练习发音，努力不让自己成为别人的负担。正是他的这种精神，最终让他成为父母心中的骄傲。

其实我们每个人都如此，都会遇到自己人生上的困难。有些人在困难面前放弃了自己，尽管父母不会因此而看不起自己的子女，但是却会因此而感到难过。所以，珍惜自己，才能让父母真正放心。

故事穿越

中国著名的史学家、文学家司马迁同样非常崇拜自己的父亲。他的父亲司马谈是汉初五大夫，后来又担任了曾任太史令，在司马谈心里有一个理想，要撰写真正的史书。但是史官撰写历史，都是在为政治所服务，哪里能够真正写出事情的真相呢？

可是直到司马谈身患重病，他仍然没有机会完成自己的梦想。在临终之际，他将自己最为喜爱的儿子司马迁叫到自己的床前，说："我穷极一生，最渴望的就是能够完成一本真正的史书，可惜我身为太史，却仍然没有做到这一点。你一定要谨记这一点，写出一部能够流传千古的真正的史书。"

在父亲过世之后，司马迁始终记得父亲的这一番话。然而，在司马迁撰写《史记》的过程中，因为他为将军李陵请愿而惨遭宫刑。躺在床上的他，一方面因为宫刑而感受到无尽的屈辱，另一方面又因为没有完成父亲的遗愿而苦苦挣扎。后来，司马迁决心，无论自己遭受到了什么样的屈辱，也坚决要完成父亲的遗愿。

最终，司马迁完成了一共一百三十卷、五十三万字的巨著《史记》。

故事微语

珍惜自己，并不仅仅是指珍惜自己的身体，而是在困境面前，能够不放弃自己的决心。司马迁惨遭宫刑，但面对这样的羞辱，司马迁心中怀着对父亲的承诺，才能拜托自己内心的阴影，完成旷世名著《史记》。

人们常说，在生活中总需要一种能够支撑自己的信念，而家人的关爱则是最好的精神支柱。无论遇到什么困难，家，都是最温暖的存在。

珍惜自己，是指在任何困境中永不放弃的姿态！是我们昂首阔步，战胜人生的勇气！在漫漫人生旅途中，我们总会遇到很多困难，只有珍惜自己的羽翼，才能取得真正的成功！

当我们看到父母期许的眼神，自然能够坚定内心中的勇气，无论多么大的困难，我们都能勇往直前！

心灵箴言

要用希望孩子对待你的方式去对待父母。

——[古希腊] 苏格拉底

真不公平，原谅青年人寻欢作乐，却禁止老年人追求享受。

——[法] 蒙田

在家庭中，孩子最微小的欢笑，就是使父母认识统一能得到巩固的伟大精神动力。

——[苏联] 苏霍姆林斯基

作为一个父亲，最大的乐趣就在于：在其有生之年，能够根据自己走过的路来启发、教育子女。

——[法] 蒙田

建立和巩固家庭的力量——是爱情，是父亲和母亲、父亲和孩子、母亲和孩子相互之间的忠诚的、纯真的爱情。

——[苏联] 苏霍姆林斯基

“独立”与“恋家”并存

故事话题

在民间传说中有这样一个故事——“花木兰替父从军”。

故事发生在北魏年间，花木兰的父亲是一名军人，所以在花木兰很小的时候，她的父亲就带着花木兰到小河边去习武、学习射箭和骑马，到了晚上，父亲也会传授花木兰阅读兵书。

很快，花木兰就长大了。恰好在这个时候，北魏受到北方游牧民族的不断骚扰，为了保卫边境，北魏政府下达了这样一个命令，每个家庭必须出一名男子上前线。花木兰只有一个年迈的父亲和一个年幼的弟弟。她想，父亲年纪已经很大了，不复当年的强壮，而弟弟年纪又太小，到了前先上别说杀敌了，就连保护自己都是件非常困难的事情，于是她在心里做了一个决定——替父从军。

虽然父亲心中也非常不舍，但是看着花木兰坚定的神情，他也知道，这是没有办法的办法了。于是就这样花木兰替代了父亲上了战场。

在军营之中，花木兰不仅凭借着自己的兵法建立了赫赫军功，同时也隐瞒着自己是个女子的事实。十余载过去了，战争终于停止了，花木兰完成了自己的使命。因为战功，北魏的皇帝原本要让她担任一官半职，可是花木兰却拒绝了，决定回到自己的家乡，去父母面前尽孝。

故事解析

花木兰的故事流传至今，经久不衰，一方面是源自大家对花木兰英勇的钦佩，另一方面就是源自在一切结束之后，花木兰没有贪恋荣华富贵，解甲归田。辛苦了十余载的光景，在她心中，任何事物都没有回到家中侍奉双亲来得重要。

我们常说，任何一个人都要拥有独立自主的人格，但这种独立并不影响我们对家庭的依赖。在生活中，我们常常遇到一些所谓的“工作狂”，为了工作，他们能够做到长时间不回家、不过问自己的亲人；而另一些人则与他们恰好相反，常年来依赖家庭、依赖父母，仿佛离开了父母就什么都不会做了。

这两种情况是两种极端的表现，任何一种都无法称之为“孝顺”。真正的孝顺，是在生活中能够对父母给予体贴入微的照顾，在工作中能够忘我的拼搏，能够将家庭和事业相兼顾。

父母在渴望看到子女成功的同时，更渴望享受和子女相处的点滴，真正的孝顺不是逢年过节的一个电话，而是在日常里的一次聚会。所以，不要总是以“工作繁忙”为借口，常回家看看吧。

故事穿越

南宋时期著名的忠臣良将岳飞是一个非常孝顺的人，比如流传千古的典故“岳母刺字”。但是在抗金的过程中，岳飞在战场上奋勇杀敌，下了战场就是岳母的好儿子。

有一天，鄂州军将郝聂，宴请岳飞。郝聂是一个非常讲究细节的人，让自家的后厨制作了一种叫“酸馅大饼”的食物作为主食，酸馅特指在大饼内根据客人喜好的口味添加的菜馅儿，不是真正的酸菜。岳飞没有吃过这样的食物，咬了　口之后，立刻表示这个大饼非常美味。

郝聂一看岳飞既然喜欢，就让他不要客气，多吃一些。岳飞却不在多吃，而是反复研究这个“酸馅大饼”是怎么做的，看到这个大饼是双面香麻、内外酥香，里面装着是干菜和五仁，嚼在嘴里，分外香甜。

就在旁人都吃惊地看着岳飞种种怪异的表现的时候，岳飞突然说道：“我母亲一定喜欢吃这个饼，不如你把这个饼都给我吧。”

听到岳飞这样说，郝聂连忙让自己府上的下人将剩下的“酸馅大饼”都装好给岳飞，让他带走给岳老妇人吃。岳飞一看到大饼包好了，竟然连饭都不吃了，急急忙忙地拿着饼跑回了家。

岳母尝了“酸馅大饼”之后，也觉得非常美味。岳飞为了能够让母亲常常吃到这种美味的事物，就找来会做这种菜肴的厨师，不仅做好给母亲吃，还大量制作，作为犒劳岳家军的奖赏。

故事微语

在人们的心中，岳飞是个顶天立地的英雄，无论遇到多么凶猛的金国军队，他都用手中的武器捍卫着国家的安宁。可是在母亲面前，岳飞却用自己的铁汉柔情给予她最温暖的关怀。看到一种美食，他甚至都能够立刻想到拿去和母亲分享，这种发自内心的关注才是真正的孝顺。

现如今的社会中，有这样两种极端——工作狂和啃老族。

工作狂，为了工作，为了自己的事业，不仅没有自己的业余生活，甚至连孝顺父母的时间全部牺牲。认为只要给父母提供丰衣足食的生活，就是孝顺，丝毫不在意如何去安抚父母年老寂寞的内心。

啃老族，恰恰和工作狂正相反，他们能够时常陪伴在父母的身边，可是却无法拥有真正独立的人生。

只有将独立和顾家相融合，才能构成我们没有遗憾的人生。

心灵箴言

永言孝思，思孝惟则。

——孟子

尧舜之道，孝悌而已。

——李纲

诗书立业，孝悌做人。

——王永彬

忤逆不孝矣，三世果报然。

——王中书

第五篇

走出误区：正确行孝才能收获完美亲情

亲情，是这个世界上最无私、最无怨无悔、最温暖人心的感情。亲情，能够在困境中支撑着我们前行，能够让我们的人生更加丰富多彩。但是，孝顺并非是毫无原则地满足，而是在一定的原则之中进行的事情，只有正确地孝顺父母，才能让家庭更为和睦，才能让生活更加美好。

孝顺，不代表没有原则的顺从

故事话题

北宋时期的“包青天”还有这样一个故事，在他刚刚出生的时候，因为皮肤黝黑，他的父亲觉得这个孩子是个“灾星”，觉得是非常不吉利的，就想将孩子扔出去。他的嫂子是个心软的女人，就偷偷地将这个孩子留在了身边，直到包拯长大之后，才将这个秘密说了出来。所以后来包拯就称呼自己的嫂子为“嫂娘”。

后来在包拯做了官之后，有一次去陈州灾区放粮，原本他以为这会是一次比较轻松的差事，因为他的侄子，也就是嫂娘的儿子包勉在这里做知县。不成想，包拯刚到这里，就接到了大量灾民向他告状，说包勉私吞赈灾粮款，甚至逼死过人，请求“包青天”为他们主持公道。

包拯在确认了事实之后，立刻将包勉关在了监牢里，等待他的是大宋律法中“处死”的罪责。就在这个时候，包拯的嫂娘听到这个消息，连忙赶到这里，为自己的儿子求情，甚至搬出了自己的公婆，也就是包拯的父母。可是包拯听完之后，长叹一声道：“嫂娘，你以为我愿意看着自己的侄儿死吗？可是国有国法，如今他触犯了国家法律，如果我对他留情，将来如何面对百姓？”

嫂娘看到包拯铁面无私的脸庞，知道这个弟弟向来刚正不阿，又想到曾经包家的家训，只好说道：“好吧，我知道你也为难，该如何处置，就如你所说吧。”

后来，包拯还是将自己的侄儿包勉送上了铡刀之下。这就是非常有名的“铡包勉”的故事。

故事解析

包拯铁面无私严惩自己的侄子包勉，即便是面对曾经对他有恩的嫂娘，以及他的父母，包拯依旧坚持自己的原则，并没有因为亲情而放弃了捍卫法律的正义。

或许在我们的现实生活中，并不会发生类似于包拯这种在亲情和法律之间两难的处境，但并不意味着我们不会面临原则和亲情相互碰撞产生的矛盾，尤其是在子女成家立业之后，矛盾也就更加凸显。

中国是个传统的国家，孝顺作为千百年传承下来的道德指标，不仅仅成为了一种美德，同样也成为很多人内心的一宗包袱。甚至会产生一种误区——即便父母是错误的，为了孝顺，我们也不能去反抗，而是隐忍下来。甚至是触碰了原则性的底线，作为子女也不能提出任何反对性意见，否则就是不孝。

这无疑是错误的认知，在这个世界上，每个人都会犯错，并不因为成为人父、人母而发生改变，作为子女，是需要帮助父母改正这种错误的认知，而非是继续将这个错误维持下去。这才是真正的孝顺。

故事穿越

中国近代著名的诗人、文学家徐志摩最初走上文学道路，他的父亲徐申如强烈反对，可是徐志摩却坚定自己内心的理想，没有因为孝顺就向父亲妥协，最终取得了人生的成功。

徐家世代经商，到了徐申如这一代更是如此。经过清末民初那个动荡的年代，徐申如心里非常清楚，如果想要造福一方百姓，作为一个商人，最关键的就是要“实业救国”。为此，徐申如一直重点发展自家的商业。

他创办硖石电灯股份有限公司，是浙江省最早兴建的火力发电场之一；兴建石双山丝厂，解决了当地几百名工人就业；出任县旱灾赈济委员会首席常委兼上海分会主任，专心于慈善公益事业；担任硖石商会总理、会长、主席，成为地方商业的领头羊。

在徐志摩出生之后，他的父亲一心想要将徐志摩培养成为自己的接班人，十分注重他的教育，不仅让他拜师于著名国学大师梁启超先生，还送他去英国留学学习经济。可是在徐志摩的心中，他认为自己并不适合做商人，反而更适合做文人，在英国留学的时候，他将自己的全部精力都放在了对文学的无尽追求中。

最初徐申如非常反对，父子之间多次发生争吵，但是徐志摩却不为所动，更没有因为孝顺就向父亲妥协。最终，徐志摩成功地出版了自己的诗集，一炮而红。徐申如看到儿子在文学方面的天分，最终也默认了他的选择。

故事微语

父母、长辈同样也都是从青春期走过，同样也是从一个什么都不懂得的孩子成长起来，但是由于时代的局限，当他们成为父母之后，又因为思想的局限性，思维已经形成了自我认知的固定模式。

就如同在徐申如的固定思维模式中，他为徐志摩安排的未来就是接替他的生意，像他一样成为地方上最成功的商人，在商业上叱咤风云。但这只是他心中的愿望，却并非是徐志摩本人的。当徐志摩决定走上文学的道路，势必就是违反了父亲的意愿。

在徐申如的心中，文学、诗歌不过是生活的调味剂，却不能成为生活的主角。可在徐志摩的心中，文学是对灵魂的诉说，最终，他坚持了自己的选择，最终成为了著名的文学家。

每一个孩子出生之后，父母都曾经满怀期许地为他们幻想过未来，但是真正的选择却要子女自己完成，毕竟每个人的人生都不可能让别人去替代。当自己的想法和父母的认知发生了冲突之后，所做的并非是毫无原则地妥协，而是积极地沟通，只有这样，才能让家庭真正和睦温馨，这才是真正的孝顺。

心灵箴言

母爱是一种巨大的火焰。

——[法] 罗曼·罗兰

世界上有一种最美丽的声音，那便是母亲的呼唤。

——[意] 但丁

没有无私的自我牺牲的母爱的帮助，孩子的心灵将是一片荒漠。

——[英] 狄更斯

人生最美的东西之一就是母爱，这是无私的爱，道德与之相形见绌。

——[日] 武者小路实笃

接受缺点，再引导其改正

故事话题

邓小平同志在很小的时候就是一个非常有主见的孩子。有一天，他正在去私塾上学的路上，恰好看到私塾里的一个同学坐在私塾的门口伤心地哭泣。他就连忙走上前去询问究竟是什么事情让他如此伤心。原来这名同学的妹妹生了急病，可是家里却拿不出钱送妹妹去医院救治。

第二天一早，邓小平来到私塾后，立刻找到那名同学，从兜里拿出 5 块大洋递给他，让他赶紧送妹妹去医院看病。原来，邓小平回到家之后，偷偷地从父亲的兜里拿出了 5 块大洋，这可不是一笔小数目，在当时，这 5 块大洋能够买回来 500 斤谷子。

放学后，邓小平回到家中，果然看到父亲沉着脸坐在那里，家中的佣人也都被叫到大堂里，看到他回来，父亲非常严厉地问道："昨天我的衣兜里丢了 5 块大洋，我想问问，究竟是你们谁拿走了？"

邓小平连忙站出来，说道："父亲大人，和他们都没有关系，这钱是我拿的。"

邓父心里非常吃惊，自己的儿子从来没有过偷窃的行为，但为了教育，他仍然拿出棍子，当着下人的面惩罚了邓小平。

事后，邓父越想越不对，就去问邓小平，为什么会偷偷地拿钱呢？邓小平这才道出了原委，父亲连忙问："当时为什么不说？你要是说了，这种助人为乐的行为，我高兴还来不及，又怎么会打你呢？"

邓小平说："可是我的确是偷窃了，不管是什么理由，也都应该接受受罚。"

父亲欣慰地揉了揉他的头，说："记住了，下次如果再去帮助别人，也必须要先和我说清楚。"

故事解析

每个人都会犯错，没有人能够永远正确，即便是父母，也不例外。但是作为子女，如何指出父母的错误，这是一个非常讲究技巧的事情，往大了说，更可以称之为是一门“艺术”。

邓小平为了帮助同学偷偷拿了父亲五块大洋，在父亲盛怒召集了所有佣人的时候，他没有直接说出父亲错怪了他，而是直接承认自己的错误，这不仅仅是在维护一位父亲的尊严，更是在维护一家之主的尊严。在私下里，才将自己这样做的真正原因告知父亲，这就是生活中的艺术。

如果在下人面前直接告诉父亲拿钱的原因，或许有些人会在心中暗想，这不过是个借口，那么父亲不管怎样做都似乎有了缺陷。

在生活中，任何事情的处理方法都可以做得带有一定的技巧，尤其是在面对父母的时候，谦和的态度、温柔的口吻、婉转的措辞让我们能在指出父母错误的同时，还能让他们更容易地接受，这就是生活中的智慧。

故事穿越

在春节联欢晚会上，郭冬临、叮当、金玉婷表演的小品《我和爸爸换角色》讲述了这样一个故事，叮当是学习较差的差等生，父亲每次都不分青红皂白地训斥他。有一天，班主任布置了一项家庭作业——学生和家长互换角色。

最开始，叮当和父亲都无法进入角色，儿子害怕父亲、父亲端着架子。在班主任的坚持和指导下，父子二人终于成功的互换角色，也因此而了解了彼此的想法。

其中最令人动人的，便是叮当对父亲说出肺腑之言。尽管儿子的学习成绩并不好，但他始终是一个非常孝顺的孩子。父亲为了这个家庭整日奔波，除了工作就是应酬，每每都是喝醉了才回到家中。孩子担心父亲的身体，心里也责怪父亲不能抽出更多的时间来关心家庭。

听到儿子的心里话，父亲终于认识到，原来自己的身上竟然有么多不足。最终，父子二人都了解了彼此的想法，化解了心中的隔膜。

故事微语

尽管这只是一部小品，中间笑料不断，但在生活中，我们却同样也能够遇到这样的事情。每个角色都有自己要承担的责任和义务，自然就会受到相应的压力，学生的压力来自于那一张薄薄的成绩单，而父母的压力则是家庭的重担和工作上的困难。

我们每个人都很容易活在自己的世界里，将自己遇到的问题无限放大，却将别人遇到的困难适当缩小。所以，无论是谁，如果换个角度去看待问题，自然就能达到沟通上的顺畅和心理的安慰。

就如同小品所演，父亲和孩子彼此都有很多不满的情绪，但是碍于父亲的面子，和孝顺的压力，孩子始终没有机会和父亲说出自己的真心话，父亲也一直端着架子不好意思对孩子说出自己内心的苦闷。长此以往，隔阂就这样产生了。

所以在我们的生活里，用一些技巧，找一些适当的场合，和父母多些沟通，适当地指出他们身上的错误，让家庭更为和睦、让父母更加出色，这样的孝顺岂不是一种良性循环吗？

心灵箴言

父爱是水。

——[苏联] 高尔基

慈父之爱子，非为报也。

——淮南子

父亲的德行是儿子最好的遗产。

——[西班牙] 塞万提斯

父亲，应该是一个气度宽大的朋友。

——[英] 狄更斯

没有盲孝就不会挤压抑郁之情

故事话题

明朝万历时期的内阁张居正一生励精图治，致力于改革大计，但是在他过世之后，万历皇帝对他进行了一次彻底地清算，抄了他的家，甚至逼死了他年迈的母亲，和他的一个儿子。在史学家眼中，这是万历皇帝的一次疯狂之举，也是张居正家族的无妄之灾。

然而，张居正的后人却并没有因为这次家族的毁灭而记恨朝廷，反而继续为国尽忠。或许在现如今我们的眼中，并不能理解张居正后人的做法，甚至会认为他们是不孝顺的，毕竟大明政府逼死了他们的亲人。但是这是人们思想领域中的盲孝。

张居正的曾孙子张同敞在崇祯皇帝即将灭亡之前，仍然奔走在为国家招募将领，准备到前线杀敌保国的途中。他的很多朋友都劝他，大明王朝气数已尽，这一次就算是张居正在世都无力回天，可是张同敞却说，先祖张居正是为国而死，作为他的子孙，我更应该保卫我的祖国。

但是，大明王朝早已是千疮百孔。当崇祯皇帝自尽于煤山之上的消息传来，张同敞没有选择隐形于世，反而跑到南明的管辖范围内，继续他的反清大计。他一个文官出身的人，在每次杀敌的时候，浴血奋战，这种精神激励着每一个将领。

在一次战争中，张同敞因伤被俘，最终牺牲在反清复明的道路上，被人称做真正的张居正后人。

故事解析

在孝顺成为中华民族传统美德之后，同时也催生出了另一种现象——“愚孝”，也被叫作“盲孝”，和理智的孝顺不同，无论父母做了什么事情，提了多么不合理的要求，子女哪怕是没有能力去完成、去满足，也要想尽办法去满足，甚至不惜牺牲他人利益，这就是“愚孝”。

张同敞作为张居正的子孙后代，他的祖先为了国家鞠躬尽瘁，可在事后却遭受到了抄家的待遇，并且在抄家的过程中，许多亲戚都不堪受辱而选择了自尽。可是当大明王朝走到尽头的时候，张同敞却选择了国家大义，实在令人钦佩。

有很多人在孝顺的时候，甚至忘记了什么叫作原则，什么叫作底线，甚至不惜牺牲掉个人幸福、他人利益，这样的孝顺背后往往需要承担巨大的压力。在逆境中，人就好比是一根弹簧，当这根弹簧达到极限之后，自然就会形成反弹。

愚孝，并不是真正的孝顺，而是一种病态的孝顺，容易成为生活中的负累，长此以往，必然会形成内心中的压抑情绪。所以，放下这种过于劳累的孝顺，让自己强大起来，父母看在眼中，自然会为之骄傲的。

故事穿越

“民族英雄”郑成功和他的父亲郑芝龙，最初都是在海上抵抗着外国海军的入侵，尽管当时郑芝龙的身份是一名海商兼海上走私集团的头目，并不是官方认证的，可是郑芝龙的种种行为的确间接地维护了明朝的海域防线。

但是很快，这个局面就被打破了，大明王朝的灭亡让郑芝龙和郑成功有了截然不同的两种认知：郑芝龙毕竟是商人，在他的眼睛里，只有利益才是他的最终追求；而郑成功内心的归属感永远都是大明王朝。

公元 1646 年，郑芝龙正式接受了清朝招安，而“背叛”了南明隆武皇帝，对于父亲的这个决定，郑成功非常反对，他甚至跑到孔庙去哭庙、焚儒服，可是郑芝龙却并不动摇自己的决定。郑成功同样坚定自己内心忠于大明的信念。

在郑芝龙归顺了清朝之后，郑成功继续他的反清事业，可是郑芝龙最终也并没有真正得到清朝的信任。每次郑芝龙和郑成功之间的通信，都被清朝官员监视着，最终他也因为这个举动而获罪，被斩首示众。

故事微语

郑成功是民族英雄，可是如果要按照孝顺的标准看待，他并不算是传统的孝子。可是细想下，他也绝非不孝，只是和父亲的认知存在着巨大的差异，仅此而已。可纵观历史就不难发现，郑成功的坚持是正确的。

在很多人心中有这样一种误区，认为孝顺父母就是要完全按照父母的意愿去做，父母不喜欢的，我们就不去做。但实际上，父辈们尽管生活经验丰富，却并不一定完全正确。更何况，每个人都有按照自己意愿去生活的权利。

不遵从父母意愿，并非就是不孝，反而按照自己的意愿努力生活，让自己强大起来，成为父母心里的骄傲，这才是真正的孝顺。如果强行按照父母的意愿去生活，但是却造成自己不快，毫无生活斗志，带着这样负面情绪，父母也不会真的开心。

合理区分孝顺和愚孝，才能让我们更加体谅父母的难处，也能够促进家庭关系中的良性循环，只有这样，才能收获美满的生活。

心灵箴言

智慧之子使父亲快乐，愚昧之子使母亲蒙羞。

——[以色列] 所罗门

父爱可以牺牲自己的一切，包括自己的的生命。

——[意] 达芬奇

父爱是沉默的，如果你感觉到了那就不是父爱了！

——冰心

父亲是财源，兄弟是安慰，而朋友既是财源，又是安慰。

——[美] 富兰克林

父兮生我，母兮鞠我，抚我，畜我，长我，育我，顾我，复我。

——《诗经》

理智处理与父母的矛盾

故事话题

电影《背起爸爸上学》根据甘肃青阳中学生李勇的真实事迹改编而成。李勇在很小的时候，母亲就过世了，只剩下李勇、李勇的父亲和李勇的姐姐相依为命。为了让李勇能够好好读书，他的姐姐决定远嫁他乡，用自己的彩礼钱给弟弟做学费。

有一年，李勇的家乡下了暴雨，他每天上上学道路上的唯一的桥被雨水淹没了。为了安全，李勇的父亲背着他走过了那座桥。在父亲的背上，李勇在心里暗暗下着决心，一定要好好学习，用自己的成绩和今后的成功来报答自己的父亲。

高考结束之后，李勇凭借着自己优异的成绩考入了大学，但是大学的学费却成为父亲心头的一块巨石。为了给儿子凑学费，父亲每天更加努力的做活，起早贪黑。一天，天色已晚，父亲仍然在田地里劳作，一个不小心，就摔倒在地上，导致半身瘫痪。

眼看着李勇马上就要去上大学了，自己不仅没能给儿子凑足学费，反而成为儿子的负担，李父心里非常难受。而李勇为了能够更好的照顾父亲，甚至想要放弃得来不易的大学学业。知道李勇的这番心思，父亲非常激动地把他喊到床边，甚至说出如果你不去上学我就去死的话。

摆在李勇面前的只有两条路：一是放弃自己的学业，在家里专心照顾父亲，可是这样一来，父亲一定非常失望和内疚；另一种是将父亲托付给老乡，自己踏上漫漫求学路，可是他并不放心。后来，他一咬牙，决定背着自己的父亲去大学，就像当初父亲背着他上学那样。

故事解析

人和人之间只要相处，就势必会产生矛盾，这种矛盾有可能是生活习惯所造成，有可能是理性认知不同所造成，也有可能是因为一些隔阂没有沟通好产生。

有很多时候，中国人讲究一个面子，即便是在父母和子女之间，有很多事不好意思讲出，却最终成为人生的憾事。

李勇和父亲之间的矛盾就在于他们竭力想要让对方好起来，这一点谁都没有错。父亲觉得自己是孩子前进道路上的绊脚石，除了拖累孩子，毫无用处，而李勇则是想放弃自己的学业，留在家乡照顾父亲。

者就是亲情，这就是血溶于水的父子情。

可是双方都用错了方式，差点造成了无法弥补的遗憾。幸好最终李勇选择了一个这种的方式解决了这个矛盾。

和他一样，很多孩子和父母之间同样存在矛盾，但如何解决矛盾却成为了一件难事。其实就如同那句老话，父子之间哪有隔夜仇呢，所以敞开心扉，多多沟通，用理智去解决这种矛盾。

故事穿越

电影《我和爸爸》是著名演员徐静蕾第一次自导自演的作品，电影讲述了这样一对父女的故事。小鱼的父母自幼离异，他的爸爸老鱼是个街头混混，甚至常年游走在法律的边缘，就是因为这个原因，小鱼的母亲从来都不让小鱼见到老鱼。

在小鱼上高中的时候，一次意外的交通事故，小鱼的母亲过世了，小鱼只好回到老鱼的身边。这是她第一次和父亲生活在一起，有很多生活上琐碎的事情，父女之间产生过不少的摩擦。

然而，老鱼因为一些原因而触犯了法律，在小鱼高三那一年进了监狱。这件事情给小鱼的内心带来不小的阴影。父亲出狱之后，小鱼一直在用女儿的方式，禁止父亲再去做不好的事情。而父亲也在用自己的方式帮助女儿长大。

在共同生活的时间里，大鱼和小鱼都感受着一种爱和一种人生的无奈，却也构成了小鱼和老鱼生活的全部痛苦和幸福。

故事微语

人们常说，父母是无法自己选择的，世界上有形形色色的人，就会有形形色色的父母，但是不管是从事什么职业、有着什么性格的父母。

正如电影《我和爸爸》中所演绎的一样，父母或许在旁人眼中，并非那样出色，他们或许没有得体的工作，也没有非常高的收入，可是他们对子女付出的爱和关怀都是同样的。

有很多时候，作为子女，也会察觉到父母身上的缺点，而是如何提出就成为子女心头的纠结，电影中，徐静蕾扮演的女儿选择用强硬的态度逼迫父亲放弃依靠赌博赚钱的恶习，那么在生活中，我们又该如何呢？

或许每个人都有自己的处理方法，但理性和良性循环无疑使最好的选择，争吵不能解决任何事情，所以，理性处理才是最好的方法。

心灵箴言

人生内无贤父兄，外无严师友，而能有成者少矣。

——吕公

父母所欲为者，我继述之；父母所重念者，我亲厚之。

——《格言联璧》

父不慈则子不孝；兄不友则弟不恭；夫不义则妇不顺也。

——颜之推

在父母的眼中，孩子常是自我的一部分，子女是他理想自我再来一次的机会。

——费孝通

拥有思想的瞬间，是幸福的；拥有感受的快意，是幸福的；拥有父爱也是幸福的。

——琼瑶

真正的孝会让父母认识到错误

故事话题

春秋时期楚昭王的国相石奢为人刚强正直廉洁公正，既不阿谀逢迎，也不胆小避事。有一天，石奢出门巡查，恰好见到路边发生了一桩杀人案件，石奢立刻找来捕快，命令他即刻去捉拿凶手。

国相颁布了命令，捕快们自然也是竭尽所能，不敢怠慢。很快，捕快就将凶手捉拿归案，不想石奢看到那个人的时候，瞬间就面如死灰，原来这个凶手不是别人，就是石奢的父亲。

石奢连忙屏退旁人，亲自询问父亲，是不是他杀了人？父亲供认不讳，因为一时莽撞，竟然错手杀死了受害人。听到这里，石奢内心陷入了挣扎之中。片刻之后，他横下一条心，释放了自己的父亲。

回到朝廷之中，石奢投案自首，并且主动将自己关进了监狱，并且向楚昭王说明了情况，他说：“杀人者是我的父亲，如果我大义灭亲，以此来树立自己的政绩，这就是不孝；如果我释放了父亲，就是对不起国家，对不起大王您，就是不忠。所以望大王秉公执法，判处微臣死刑。”

楚昭王听完之后，也明白了石奢心中很是为难，就宽慰他说：“你既然已经追捕了凶手，就无愧于国相的责任，就当是没有抓到吧。”

但是石奢却坚持说：“大王您不杀我，是您的仁慈宽容，但是我因为释放罪犯，就是有罪。”说完，他拔剑自刎，用自己的死弥补了父亲的过失。

故事解析

曾经有这样一个新闻，父亲做错了事情，和邻居发生了非常争执，儿子看到这个场景，立刻冲了出去，最终造成了邻居的人身伤害，最终父子因为这次的错误付出了代价。

这不过是生活中一次很常见的问题，可是有些人却头脑发热，认为维护自己的父母就是孝顺。这就是错误的孝顺。

真正的孝顺是要通过自己的言行，让父母认识到自身的错误，并且加以改正。就好比人们常说，忠言逆耳，最好的朋友是可以当着你的面说出你的不足。而是道理人人会说，到了生活中，却并不见得能够这样做。

孝顺父母，在感性的同时，更需要理性的维护，只有这样，家长和孩子之间才能毫无芥蒂，更能够坦诚相待。

故事穿越

电视剧《新结婚时代》曾经风靡一时，男主角何建国出身于农村，通过高考、大学，他最终落脚在城市，并且成家立业。可是他的父亲却是一个地地道道的农民，对于城市里的人际关系和相处规则完全不懂。

最初，何建国对父亲的话基本上也是言听计从，这种做法让他和自己的妻子顾小西争吵不断，让原本幸福的一个家庭蒙上了阴影。

后来，因为何建国父母的一个要求，顾小西不得不远赴农村，导致她没有见到自己母亲最后一面，而让这段婚姻走到了尽头。

在两个人离婚之后，何建国对父亲吐露了心扉，并且帮助父亲认清了城市和农村之间的差别。在电视剧的结尾，何建国和顾小西复婚了，最终收获了情感上的幸福。

故事微语

一个人的认知，并不是短时间内就能够形成的，它取决于自身的素养、身处的环境、接触的事物等诸多因素。很多父母身上存在某些缺点，但实际上在他们的认知里，这些并非是缺点，因为长时间都是如此，并没有人告诉他们这是错误的，或者说是不合常理的。而往往矛盾就是这样产生的。

电视剧《新结婚时代》里，何建国的父亲头脑里的认知是他祖祖辈辈生活在农村所形成的，如果在农村，他的认知就是普遍性的，可当他走进城市，和城市人接触之后，双方不同的认知就产生了矛盾。

或许这并没有对错之分，可是想要解决这些矛盾，自然就需要有人从中周旋，这个人物的关键就是子女。

真正的孝顺，在此时不是一味地维护父亲，而是要帮助父亲尽快融入到城市的生活，适应城市的节奏和思维方式。只有这样，才能让父母、妻女都过得开心。

心灵箴言

母亲们是天生的哲学家。

——[美] 斯托夫人

你的父亲感到荣耀的莫过于你以最大的热诚继续你的学业，并努力奋发以期成为一个诚实而杰出的男子汉。

——[德] 贝多芬

恐惧时，父爱是一块踏脚的石；黑暗时，父爱是一盏照明的灯；枯竭时，父爱是一湾生命之水；努力时，父爱是精神上的支柱；成功时，父爱又是鼓励与警钟。

——梁凤仪

心灵榜样微史话

刘恒

汉文帝刘恒，是汉高祖刘邦的第四子，母亲为薄姬，汉惠帝的庶弟。高祖死后，吕后专权，而她的亲戚们也掌握了朝廷军政大权。公元前 180 年，吕后一死，太尉周勃、丞相陈平等大臣把诸吕一网打尽，迎立代王刘恒入京为帝，是为汉文帝。

汉文帝即位后，兴修水利，励精图治，衣着朴素，废除肉刑，这些举措让汉朝进入强盛安定的时期。当时百姓富裕，天下小康。汉文帝与其子汉景帝统治时期被合称为文景之治。

汉文帝在位时，存在诸侯王国势力过大及匈奴入侵中原等问题。汉文帝对待诸侯王，采取以德服人的态度。道德方面，文帝亦曾经亲自为母亲薄氏尝药，深具孝心。后元七年六月己亥，汉文帝崩于长安未央宫，死后葬霸陵。

司马迁

司马迁（前 145 年或前 135 年—前 90 年），字子长，西汉夏阳（今陕西韩城南）人，一说龙门人。中国西汉伟大的史学家、文学家、思想家，司马谈之子，任太史令，因李陵之事有所辩解，受腐刑，后任中书令。发奋继续完成所著史籍，被后世尊称为史迁、太史公、历史之父。

他以其“究天人之际，通古今之变，成一家之言”的史识创作了中国第一部纪传体通史《史记》（原名<太史公书>）。被公认为是中国史书的典范，该书记载了从上古传说中的黄帝时期，到汉武帝元狩元年，长达 3000 多年的历史，是“二十五史”之首，被鲁迅誉为“史家之绝唱，无韵之离骚”。

包拯

包拯，字希仁，谥孝肃，庐州府合肥包村人。他 28 岁中进士，曾先后任天长、端州、瀛州、扬州、庐州、池州、开封等地知县、知府，出使过契丹，还在刑部、兵部任过职，在财政部门做过副使、转运使、三司使，在监察部门做过御使、谏议大夫，最后做到枢密副使，成为朝廷的宰辅。至和三年（1056 年），以龙图阁直学士权知开封府，因不畏权贵，不徇私情，清正廉洁，当时流传有“关节不到，有阎罗包老”的赞誉。死后追赠礼部尚书，谥孝肃。他当过的天章阁待制和龙图阁直学士使他有了“包待制”、“包龙图”的雅称。老百姓更喜欢直呼“包公”。

张居正

张居正，字叔大，号太岳，汉族，幼名张白圭。明代湖广江陵（今属湖北省荆州市）人，时人又称张江陵。

张居正是明朝中后期政治家、改革家，万历时期的内阁首辅，辅佐万历皇帝开创了“万历新政”。

张居正 5 岁识字，7 岁能通六经大义，12 岁考中秀才，13 岁时就参加了乡试，16 岁中举人。1547 年（嘉靖二十六年），23 岁的张居正考中进士。1567 年（隆庆元年）任吏部左侍郎兼东阁大学士。后迁任内阁次辅，为吏部尚书、建极殿大学士。隆庆六年，万历皇帝登基后，张居正代高拱为首辅。当时明神宗年幼，一切军政大事均由张居正主持裁决。

张居正在任内阁首辅 10 年中，实行了一系列改革措施。财政上：清仗田地，推行“一条鞭法”，总括赋、役，皆以银缴，" 太仓粟可支十年，周寺积金， 至四百余万"。军事上：用戚继光、李成梁等名将镇北边，用凌云翼、殷正茂等平定西南叛乱。吏治上：综核名实，采取“考成法”考核各级官吏，“虽万里外，朝下而夕奉行”，政体为之肃然。

1582 年（万历十年）6 月 20 日卒，年五十八，赠上柱国，谥文忠，张居正也是明代唯一生前就被授予太傅、太师的大臣。为万历所忌，死后不久即被抄家；至天启二年方恢复名誉。著有《张太岳集》、《书经直解》、《帝鉴图说》等。

郑成功

郑成功（1624 年 8 月 26 日—1662 年 6 月 22 日），福建泉州南安人，汉族，明末清初军事家，明末抗清名将，民族英雄。本名森，又名福松，字明俨，字大木。隆武帝赐姓朱，号“国姓爷”。其父郑芝龙，其母名田川氏。弘光时监生，因蒙隆武帝赐明朝国姓朱，赐名成功，并封忠孝伯，世称、“郑赐姓”、“郑国姓”、“国姓爷”，又因蒙永历帝封延平王，称“郑延平”。俗称“国姓爷”

1645 年清军攻入江南，不久芝龙降清、田川氏在乱军中自尽；郑乃率领父亲旧部在中国东南沿海抗清，成为南明后期主要军事力量之一，一度由海路突袭、包围清江宁府（原明朝南京），但终遭清军击退，只能凭借海战优势固守泉州府的海岛厦门、金门。1661 年率军横渡台湾海峡，翌年击败荷兰东印度公司在台湾大员（今台湾台南市境内）的驻军，收复台湾，开启郑氏在台湾的统治，但不久即病死。

谭嗣同

谭嗣同（1865—1898），字复生，号壮飞，汉族，湖南浏阳人，是中国近代资产阶级著名的政治家、思想家，维新志士。少时师从欧阳中鹄，后加入维新派。他主张中国要强盛，只有发展民族工商业，学习西方资产阶级的政治制度。公开提出废科举、兴学校、开矿藏、修铁路、办工厂、改官制等变法维新的主张。写文章抨击清政府的卖国投降政策。1898 年参加领导戊戌变法，失败后被杀，年仅三十三岁，为“戊戌六君子”之一。代表作品有《仁学》、《寥天一阁文》、《莽苍苍斋诗》、《远遗堂集外文》等。

朱自清

朱自清，原名自华，号秋实，后改名自清，字佩弦。现代散文家、诗人、作家、学者、民主战士。散文有《春》、《绿》、《背影》、《荷塘月色》、《匆匆》等。祖籍浙江绍兴，出生在江苏海州（今连云港市），后随祖父、父亲定居扬州，自称“我是扬州人”。1948 年 8 月 12 日病逝。

郭沫若

郭沫若（1892—1978），乳名文豹，原名郭开贞，字鼎堂，号尚武，笔名沫若。汉族。1892 年出生于四川省乐山市，祖籍福建汀州府宁化县。中国现代文学家、诗人、考古学家、古文字学家、社会活动家，甲骨学四堂之一，新诗奠基人之一，中国历史剧的开创者之一，第一届中央研究院院士。同时也是历史学家、社会活动家。

1923 年后系统学习马克思主义理论，提倡无产阶级文学。从 1926 年参加北伐，任国民革命军政治部副主任。1927 年蒋介石清党后，参加了中国共产党领导的南昌起义。1928 年 2 月因被国民党政府通缉，流亡日本，埋头研究中国古代社会，著有《中国古代社会研究》《甲骨文字研究》等重要学术著作。1937 年抗日战争爆发后回国，任军事委员会政治部第三厅厅长，后改任文化工作委员会主任，团结进步文化人士从事抗日救亡运动。1946 年后，站在民主运动前列，成为国民党统治区文化界的革命旗帜。1958 年 9 月，兼任中国科学技术大学校长。

徐志摩

徐志摩，（1897 年 1 月 15 日—1931 年 11 月 19 日），现代诗人、散文家。原名章垿，字槱森，留学英国时改名志摩。曾经用过的笔名：南湖、诗哲、海谷、谷、大兵、云中鹤、仙鹤、删我、心手、黄狗、谔谔等。徐志摩是新月派代表诗人，新月诗社成员。1915 年毕业于杭州一中，先后就读于上海沪江大学、天津北洋大学和北京大学。1918 年赴美国克拉克大学学习银行学。十个月即告毕业，获学士学位，得一等荣誉奖。同年，转入纽约的哥伦比亚大学的研究院，进经济系。[1] 1921 年赴英国留学，入剑桥大学当特别生，研究政治经济学。在剑桥两年深受西方教育的熏陶及欧美浪漫主义和唯美派诗人的影响。1923 年成立新月社。1924 年任北京大学教授。1926 年任光华大学、大夏大学和南京中央大学（1949 年更名为南京大学）教授。1930 年辞去了上海和南京的职务，应胡适之邀，再度任北京大学教授，兼北京女子师范大学教授。1931 年 11 月 19 日因飞机失事罹难。代表作品有《再别康桥》，《翡冷翠的一夜》。

居里夫人

玛丽·居里，原名玛丽·斯克沃多夫斯卡·居里，原籍波兰，法国著名女科学家、物理学家、化学家。1867 年 11 月 7 日生于波兰首都华沙，1891 年随姐姐布洛尼斯拉娃至巴黎读书。在巴黎取得学位并从事科学研究，为巴黎和华沙“居里研究所”的创始人。

1903 年，居里夫妇和贝克勒尔由于对放射性的研究而共同获得诺贝尔物理学奖，1911 年居里夫人又因发现钋和镭而获得诺贝尔化学奖，成为历史上第一个两获诺贝尔奖的人。玛丽·居里的成就包括开创了放射性理论，发明分离放射性同位素技术，以及于 12 月 21 日发现两种新元素钋和镭。在她的指导下，人们第一次将放射性同位素用于治疗癌症。居里夫人是成功女性的先驱，她的典范激励了很多人。她的丈夫皮埃尔·居里在 1906 年 4 月 19 日这个雨天在街上被马车撞倒后当场死亡，居里夫人则由于长期接触放射性物质，于 1934 年 7 月 3 日因恶性白血病逝世。

爱因斯坦

阿尔伯特·爱因斯坦（1879 年 3 月 14 日—1955 年 4 月 18 日），德国物理学家。相对论的奠基者，二十世纪两位最重要的物理学家之一。

爱因斯坦在 1900 年毕业于苏黎世联邦理工学院，入瑞士国籍。1905 年获苏黎世大学哲学博士学位，曾在伯尔尼专利局任职，在苏黎世联邦理工学院担任大学教授。1913 年返德国，任柏林威廉皇帝物理研究所所长和柏林洪堡大学教授，并当选为普鲁士皇家科学院院士。1933 年爱因斯坦在英国期间，被格拉斯哥大学授予荣誉法学博士学位。1955 年 4 月 18 日，病逝于普林斯顿。

爱因斯坦的理论，最初受到许多人的反对，就连当时一些著名物理学家也对这位年青人的论文表示怀疑。然而，随着科学的发展，大量的科学实验证明爱因斯坦的理论是正确的，爱因斯坦才一跃而成为世界著名的科学家，成为 20 世纪世界最伟大的科学家。

爱因斯坦在生前不要虚荣，死后更不要哀荣。他留下遗嘱，要求不发讣告，不举行葬礼。他把自己的脑供给医学研究，身体火葬焚化，骨灰秘密地撒在不让人知道的河里，不要有坟墓也不想立碑。在把他的遗体送到火葬场火化的时候，随行的只有他最亲近的 12 个人，而其他人对于火化的时间和地点都不知道。

心灵修养用语微解

理智： 指仁义理智信。语出巴金《家》：“你的理智可以征服感情，我的理智则常被感情征服。”

代沟： 指两代人因身体因素，而造成的思维方式、行为方式等方面的差异。“代际冲突”即父子之间由这一差异而导致的两代人在解决问题方式产生的分歧和矛盾。

自强： 亦作“ 自彊 ”。自己努力图强。《楚辞·九章·怀沙》：“惩连改忿兮，抑心而自强。”《史记·留侯世家》：“上虽苦，为妻子自彊。” 唐 李咸用《送人》诗：“眼前多少难甘事，自古男儿当自强。”

孝经：《孝经》中国古代儒家的伦理学著作。传说是孔子自作，但南宋时已有人怀疑是出于后人附会。清代纪昀在《四库全书总目》中指出，该书是孔子“七十子之徒之遗言”，成书于秦汉之际。自西汉至魏晋南北朝，注解者及百家。现在流行的版本是唐玄宗李隆基注，宋代邢昺疏。全书共分 18 章。

愚孝： 儒家提倡孝，特别是汉代独尊儒术，以孝治天下，每一个皇帝去世以后，在谥号前都加一个孝字，如孝文皇帝、孝武皇帝等。儒家也提倡忠，孔子讲：“君使臣以礼，臣事君以忠。”（《论语·八佾》）后代流行于世的一对口号是：君叫臣死，臣不死，臣为不忠；父叫子亡，子不亡，子为不孝。今人称此口号为愚忠愚孝。

孝道： 中国最早的一部解释词义的著作《尔雅》下的定义是：“善事父母为孝”。汉代贾谊的《新书》界定为“子爱利亲谓之孝”。东汉许慎在《说文解字》的解释：“善事父母者，从老省、从子，子承老也”。许慎认为，“孝”字是由“老”字省去右下角的形体，和“子”字组合而成的一个会意字。从这里我们可以看出，“孝”的古文字形与“善事父母”之义是吻合的，因而孝就是子女对父母的一种善行和美德，是家庭中晚辈在处理与长辈的关系时应该具有的道德品质和必须遵守的行为规范。

爱惜羽毛：比喻人的声望。比喻为珍惜自己的名声，行事十分谨慎。 动宾式；作谓语、定语；比喻珍惜自己的名声，常和“严于律己”等词连用。

百善孝为先：原文为百善孝为先，万恶淫为源。 常存仁孝心，则天下凡不可为者，皆不忍为，所以孝居百行之先；一起邪淫念，则生平极不欲为者，皆不难为。所谓“百行孝为先”，反映中华民族极为重视孝的观念。

一日为师，终身为父：哪怕只教过自己一天的老师，也要一辈子当做父亲看待。比喻十分尊重老师。出自《鸣沙石室佚书－太公家教》中：“弟子事师，敬同于父，习其道也，学其言语。……忠臣无境外之交，弟子有束修之好。一日为师，终身为父。”